Die
Grenzen der Enteignung

Ein Beitrag zur Entwicklungsgeschichte des Enteignungsinstituts und zur Auslegung des Art. 153 der Weimarer Verfassung

Von

Dr. Otto Kirchheimer

Berlin und Leipzig 1930

Walter de Gruyter & Co.

vormals G. J. Göschen'sche Verlagshandlung — J. Guttentag, Verlagsbuchhandlung
Georg Reimer — Karl J. Trübner — Veit & Comp.

Vorwort.

Die allzu große praktische Bedeutung, die der Artikel 153 der Reichsverfassung heute besitzt oder mindestens besitzen soll, ist der rechtswissenschaftlichen Betrachtung bisher nicht förderlich gewesen. Es scheint jedoch an der Zeit zu sein, diese für die geordnete Existenz eines Staates bedeutungsvolle Frage sowohl in den geschichtlichen Zusammenhang als auch in den Sinnzusammenhang der Weimarer Verfassung einzuordnen. Dem Beginn dieses notwendigen Besinnungsprozesses dient diese Skizze.

Die Arbeit Schelchers „Gesetzliche Eigentumsbeschränkung und Enteignung“, Archiv für öffentliches Recht Bd. 18 Heft 3, die die Argumente der herrschenden Lehre nochmals in übersichtlicher Weise zusammenfaßt, konnte wenigstens noch anmerkungsweise verwertet werden.

Für die Fragestellung selbst wie für die Einzelausgestaltung schulde ich Herrn Professor Dr. Carl Schmitt reichen Dank. Ebenso bin ich Herrn Professor Dr. Heller für das der Arbeit entgegengebrachte Interesse zu Dank verpflichtet.

Berlin, im Juni 1930.

Übersicht.

I. Eigentumsschutzformel, Enteignung und erworbene Rechte im 19. Jahrhundert.

Wer heute die grundlegenden Sätze zur Auslegung des Art. 153 in dem bekanntesten Kommentar zur Reichsverfassung, dem von Anschütz, liest, wird zu der Auffassung gelangen, daß es sich hierbei um klares und übersichtliches Recht handelt. Zur entgegengesetzten Überzeugung freilich muß der Leser kommen, wenn er eine Zeitung zur Hand nimmt; denn dort erfährt er von Rechtsbeschwerden, Gerichtsurteilen, Kongreßreden, Reichs- und Landtagsdiskussionen, die die buntesten Dinge der Erscheinungswelt unter die Enteignungskategorie rubrizieren. Die Auflösung der Fideikommisse, die Abfindung der Standesherren, die Entwürfe zum Städtebaugesetz und zu dem Schankstättengesetz, der Ausschluß der Rechtsanwälte vom Arbeitsgericht, das Verbot der Gefrierfleischeinfuhr, das deutsch-polnische Liquidationsabkommen bilden nur eine kleine Auswahl der uns von ernsthaften Juristen präsentierten »Enteignungsfälle«, und man kann heute fast schon mit Sicherheit damit rechnen, daß jeder neue Gesetzentwurf (Aktienrechtsreform) von derjenigen Gruppe, die an der Aufrechterhaltung des alten Zustands interessiert ist, als den Prinzipien des Art. 153 der Reichsverfassung widersprechend, bekämpft werden wird [1]).

Wenn Anschütz sagt, daß dieser Artikel altliberales Gedankengut, innerlich bereichert durch eine in den letzten Jahrzehnten mehr und mehr zur Geltung gelangte, im Vergleich mit früheren Epochen nicht mehr so stark individualistische, sozialere Auffassung des Eigen-

[1]) Die einzige bisher bekannte prinzipielle kritische Auseinandersetzung mit dieser Entwicklung ist der Aufsatz von Carl Schmitt: »Die Auflösung des Enteignungsbegriffes«. Juristische Wochenschrift 1929, Heft 8, Sp. 495 f. Neuerdings auch sein Gutachten zum deutsch-polnischen Liquidationsabkommen. Eine umfassende Materialwürdigung bietet die Arbeit Krückmanns: Enteignung, Einziehung, Änderung der Rechtseinrichtung, Rückwirkung und die Rechtsprechung des Reichsgerichts, Berlin 1930. Die Studie befürwortet die Entwicklungsrichtung der Reichsgerichtsjudikatur. Die dort gemachten Einwendungen sind lediglich terminologischer Natur.

tums enthalte, so mag es erscheinen, als ob die alte Funktion dieses Verfassungsartikels im nachrevolutionären Verfassungssystem, wenn auch mit sozialen Modifizierungen, aufrecht erhalten worden sei. Daß aber die Funktion des Art. 153 im heutigen Verfassungssystem eine andere geworden sein muß, ergibt sich schon aus der Umwelt-Reaktion gegen diese Bestimmung. Denn während beispielsweise Artikel 9 der alten preußischen Verfassung von 1850 [1]) mehr ein theoretischer Bestandteil einer praktisch nie angezweifelten Gesellschaftsordnung war, halten sich bei Art. 153 der Reichsverfassung bisher geübte praktische Anwendung mit theoretisch noch nicht ausgetragener Bedeutungsfeststellung das Gleichgewicht. Der seltsame Zustand, daß ein Verfassungsartikel dauernd zu bestimmten sozialen und politischen Zwecken ausgenutzt wird, ohne daß sein Einzelwert im Gesamtzusammenhang des Weimarer Verfassungssystems endgültig geklärt wäre, kann nur beseitigt werden durch eine Untersuchung der verschiedenen Bedeutungen, die den oft gebrauchten Eigentumsschutzformeln zukommen. Aus dem Hineingestelltsein in den jeweiligen sozialen und politischen Zusammenhang ist die Funktion des Eigentumsartikels zu erkennen. Nur das Aufrollen des geschichtlichen Bildes kann den Bedeutungswandel einer Institution erklären, für die man seit 140 Jahren gleichbleibende Verfassungsformeln benützt.

Als John Locke 1680 seine »Two Treatises on Government« schrieb und sich in hergebrachter Weise mit der Frage beschäftigte, warum die Menschen aus dem Naturzustand heraustreten, um sich den Regeln eines Staatsgefüges zu unterwerfen, gab er in dürren

[1]) Zum besseren Verständnis sei der Wortlaut der Reichsverfassung und der alten preußischen Verfassung hier wiedergegeben.

Art. 153 RV. lautet: Das Eigentum wird von der Verfassung gewährleistet. Sein Inhalt und seine Schranken ergeben sich aus den Gesetzen.

Eine Enteignung kann nur zum Wohle der Allgemeinheit und auf gesetzlicher Grundlage vorgenommen werden. Sie erfolgt gegen angemessene Entschädigung, soweit nicht ein Reichsgesetz etwas anderes bestimmt. Wegen der Höhe der Entschädigung ist im Streitfalle der Rechtsweg bei den ordentlichen Gerichten offenzuhalten, soweit Reichsgesetze nichts anderes bestimmen. Enteignung durch das Reich gegenüber Ländern, Gemeinden und gemeinnützigen Verbänden kann nur gegen Entschädigung erfolgen.

Eigentum verpflichtet. Sein Gebrauch soll zugleich Dienst sein für das gemeine Beste.

Art. 9 der preußischen Verfassung vom 31. Januar 1850 lautet: Das Eigentum ist unverletzlich. Es kann nur aus Gründen des öffentlichen Wohles gegen vorgängige, in dringenden Fällen wenigstens vorläufig festzustellende Entschädigung nach Maßgabe des Gesetzes entzogen oder beschränkt werden.

Worten seiner Meinung Ausdruck, daß der Staat eine Veranstaltung zum Zweck des besseren Eigentumsschutzes sei[1]). Der besseren Erreichung dieses Zweckes, der größeren personellen und sachlichen Garantie der menschlichen Individualfreiheit, der Durchsetzung des theoretischen Anspruchs auf Freiheit und Eigentum, den das damalige Zeitbewußtsein für die Voraussetzung der menschlichen Entwicklung hielt, dient die Gründung des Staates. Damit sind die Grenzen, die der Staat dem einzelnen gegenüber einzuhalten hat, durch dessen eigenen Zweck gekennzeichnet. Deshalb hat Lockes System keinen Platz mehr für die doppelte Staatsvertragskonstruktion seiner Vorgänger. Das Bürgertum erkämpft seine Selbständigkeit. Das pactum subiectionis wird abgestreift; im Sozialkontrakt schafft das frühkapitalistische Bürgertum seine eigene Organisationsform. Die einzelnen leihen ihre Macht dem Staat zum Zweck der Erhöhung ihrer Sekurität. Der Staat ist deshalb eine Addition von einzelnen Schutzbedürfnissen. »The public good of the society«, die Grenze für die materielle Tätigkeit der Legislative, ist nur die Zusammenfassung dieser Schutzbedürfnisse ohne höhere gedankliche Einheit[2]). John Locke ist der erste Denker des bürgerlichen Rechtsstaats, der mit bewußter Schärfe das Eigentum in den Mittelpunkt der Staatsgründung stellt und ihm den Charakter eines unveräußerlichen Menschenrechts gibt. So schützt er das Eigentum auf doppelte Weise; seinen Schutz sieht er als die naturrechtliche Voraussetzung der Staatsbildung an und gibt unmittelbar bindende Anweisungen für das Aufhören der gesetzgeberischen Macht an der Grenze, wo das individuelle Eigentum anfängt. Berechenbares, bekanntes, allgemeingültiges Gesetz, angewendet von »known authorized judges«, Schutz des Eigentums, Verbot jeglicher Eingriffe in dieses ohne Einwilligung des Eigentümers, das sind für das bürgerliche Denken Englands im Ausgang des 17. Jahrhunderts die konkreten Rechtswohltaten, die der Staat bringen soll, die man von ihm erwartet, wie aus den spezifisch englischen Überleitungskonstruktionen vom Naturzustand zur staatlichen Herrschaftsgewalt ersichtlich ist. Deutlicher und vernehm-

---

[1]) So beginnt z. B. auch Hegel seine Definition des Begriffes des Staates: »Eine Menschenmenge kann sich nur einen Staat nennen, wenn sie zur gemeinschaftlichen Verteidigung der Gesamtheit ihres Eigentums verbunden ist«. (Die Verfassung Deutschlands, 1801/02.)

[2]) S. neuestens Landshut in »Freiheit und Gleichheit als Ursprungsprobleme der Soziologie« S. 144 sowie die treffenden Asuführungen Laskis in Grammar of Politics 1925, S. 182.

licher als in den im Dualistischen verbleibenden Konstruktionen der deutschen Naturrechtslehrer des Jahrhunderts, Pufendorf und Thomasius, tritt der ausgesprochen bürgerliche Charakter dieser englischen Staatsauffassung hervor [1]).

»Loi civile« und »loi politique« hat John Locke nicht unterschieden, da seine Bestimmung vom Wesen des Staates eindeutig auf dessen bürgerlichen Ursprung hinweist. Indem aber Montesquieu [2]) zwischen beiden unterscheidet und der Freiheit die politische, dem Eigentum die bürgerliche Sphäre zuweist, gibt er aus der konkreten Situation des seinem Ende entgegen gehenden Absolutismus zu, daß hier verschiedene Gesetzlichkeiten walten können. Indem er die Freiheit vom Bereich des Einzelmenschen ablöst, setzt er zugleich die Konfliktsmöglichkeit zwischen dem Gesetz des privaten Vorteils und einem zu staatlicher Ordnung hingewandten Freiheitsbegriff. Es war ein frühliberaler Glaube, der eine reinliche Trennung beider Sphären für möglich und notwendig hielt. Nur kurze Zeit verging, bis es sich erwies, daß jene Trennung in Wirklichkeit eine Illusion war. John Locke hat als Vollstrecker der Naturrechtslehre die grundlegenden Sätze des bürgerlichen Staates geprägt, deren Technik Montesquieu vervollkommnete. In der französischen Revolution erwies es sich, daß die Voraussetzungen der bürgerlichen Herrschaft, die Vernichtung der politischen Machtstellung des Adels unter Aufrechterhaltung des Grundsatzes von der Heiligkeit des Privateigentums, nicht durchgeführt werden konnte. Die politische Stellung des Adels hing eng zusammen mit seiner ökonomischen Situation als feudaler Großgrundbesitzer. Zur endlichen Begründung der bürgerlichen Herrschaft mußte der Satz, daß keine Legislative Privateigentum ohne den Willen des Eigentümers verletzen dürfe, verlassen werden, die scheinbare Trennung von loi civile [3]) und loi politique aufgegeben und der Machtbereich der loi politique weit in das Gebiet der loi civile, der »erworbenen Rechte« ausgedehnt werden. Dieser

---

[1]) S. Erik Wolf: Grotius, Pufendorf, Thomasius. Tübingen 1927, S. 70. Locke war schon ein »standesbewußter« Vertreter des Bürgertums vor Montesquieu und Rousseau.

[2]) L'esprit des Lois. Buch 26, Kap. 15.

[3]) Scheinbar deshalb, weil es eine gewollte Trennung zwischen loi civile und loi politique nicht gibt; im Idealfall, und der ist bei diesen Schriftstellern stets vorausgesetzt, decken sich politische Form und ökonomische Wirklichkeit. Vgl. das als dualistisch gekennzeichnete Verhältnis zwischen dem rechtsstaatlichen und dem politischen Bestandteil der modernen Verfassung in Carl Schmitt: Verfassungslehre 1928 S. 125 ff.

Widerspruch zwischen der politischen Notwendigkeit, feudales Eigentum zu zerstören, und dem bürgerlichen Grundsatz der Unverletzlichkeit des Eigentums ist dem Bürgertum in der französischen Revolution durchaus bewußt geworden. Die Geschichtslegende von der Bartholomäusnacht des Feudaleigentums, die Auffassung, daß in der Nacht vom 4. August 1789 Bürgertum und Adel einmütig die Abschaffung der Feudalrechte beschlossen hätten, ist eine Fabel [1]); es hat noch keine Klasse gegeben, die freiwillig ihre Rechte preisgegeben hätte. Die schöne Ansprache des Herzogs von Aiguillon [2]) war ein abgekartetes Spiel und gab nur preis, was nicht mehr zu retten war, und die Opferbereitschaft des Adels erstreckte sich hauptsächlich auf die Rechte der Geistlichkeit. In Wahrheit war die Notlösung der résolution Dupont vom 6. August, die die feudalen Rechte öffentlichrechtlicher Natur ohne Entschädigung abschaffte und alle andern durch lästigen Vertrag erworbenen Rechte nur für ablösbar erklärte, ebenso konsequent vom Standpunkt eines das Privateigentum bejahenden Bürgertums [3]), wie verderblich für den Fortschritt der bürgerlichen Herrschaftsgewinnung; denn hierdurch wären dem Adel große Summen zugeflossen. Im Laufe der Revolution mußte der Adel ganz expropriiert werden [4]). Wie schwer aber dem französischen Bürgertum noch im Jahre 1792 dieser Entschluß geworden ist, zeigt eine charakteristische Stelle aus einer im Mai 1792 gehaltenen Rede des Abgeordneten Deney, der meinte, daß die Repräsentanten des Volkes zwar das Recht hätten, die Formen ihrer Regierung zu ändern und die politischen Regeln, die die Pflichten der Körperschaften bestimmen, über den Haufen zu werfen, nicht aber die Grundprinzipien des contrat social zu zerstören und die Gesetze auf die bürgerlichen

---

1) Dies hat Oswald Spengler nicht gehindert, nochmals zu erzählen, daß es nichts edleres und reineres als die Nachtsitzung vom 4. August 1789 gegeben habe, Untergang des Abendlands Bd. 2, S. 751. Als Legende nachgewiesen bei Cunow: Die revolutionäre Zeitungsliteratur Frankreichs, Berlin 1908, S. 57. Ausführlich bei Jaurès: Histoire socialiste de la Révolution Française, tome I p. 280 ff.

2) Moniteur 1789 Nr. 34.

3) Diesen bürgerlichen Standpunkt nimmt Lorenz v. Stein, Verwaltungslehre VII. Teil »Die Entwährung« S. 148 ein.

4) Siehe Jaurès, Histoire socialiste II S. 759. Dort schreibt er: »Die Expropriation der Feudalität ist nur Stück für Stück, selbst in der Hoch-Zeit der Revolution erfolgt«, und er setzt hinzu: »ein großes Beispiel für uns, das uns lehren wird, auch die teilweisen und nacheinander erfolgenden Expropriationen nicht gering zu schätzen«.

Rechtsverhältnisse auszudehnen, welche für das Einzeleigentum maßgebend seien.

Vor die Wahl gestellt, die geheiligten Prinzipien des Privateigentums nicht zu durchbrechen, oder seinem politischen Lebens- und Machtwillen Geltung zu verschaffen, mußte sich das französische Bürgertum im Selbsterhaltungsinteresse gegen den Fortbestand derjenigen Adelsrechte, die reine Eigentumsrechte waren, entscheiden [1]). Hier tritt als vollgültiger Beweis gegen die Doktrin vom Eigentum als unveräußerlichem Menschenrecht die Geschichte derjenigen Klasse auf, die dieser Lehre erst voll zum Siege verhelfen sollte. In dieser Beleuchtung erhält der Artikel 17 der Erklärung der Menschenrechte vom September 1791 eine neuartige Bedeutung. Der Satz: »la propriété est inviolable et sacrée; nul ne peut en etre privé que losque la nécessité publique, légalement constatée l'exige évidemment et sous la condition d'une juste et préalable indemnité«, mag in ähnlicher Form schon früher in den Verfassungen der die nordamerikanische Union bildenden Einzelstaaten enthalten gewesen sein, seine grundsätzliche Bedeutung gewinnt er erst hier, auf dem grandiosen Hintergrund der großen Expropriation einer ganzen Klasse. Er enthält die Proklamierung, daß das nach der Abschaffung des Feudaleigentums gesicherte, Alleinherrscher gewordene Bürgertum seinen Staat auf dem Grundsatz des individuellen Eigentums aufbauen will. Von hier aus ist der Kampf zu verstehen, den das revolutionäre bürgerliche Frankreich gegen die loi agraire führte, ist zu verstehen, warum aus den Ausführungen Robespierres über den grundsätzlich staatlichen Charakter der Eigentumsinstitution im Frankreich des 19. Jahrhunderts niemals die Konsequenzen gezogen wurden [2]). Jetzt ist auch zu verstehen, warum in diesem bürgerlichen Lande die Enteignungsinstitution am ehesten zur Ausprägung gekommen ist. Nur in einem Lande, in dem der Konflikt zwischen Feudalismus und Bürgertum

---

[1]) In Deutschland konnten sich die feudalen Reste durch die Verkoppelung des Privateigentums mit der Ausübung politischer Herrschaft bis in unsere Zeit hinein halten. Vgl. hierzu Franz Neumann: Die politische und soziale Bedeutung der arbeitsgerichtlichen Rechtsprechung, Berlin 1929. S. auch S. 60 f.

[2]) Hier in der zwiespältigen Rolle der französischen Revolution als Stürzerin des Feudalzeitalters und der persönlichen Unfreiheit, als Begründerin des bürgerlichen Zeitalters der ökonomischen Unfreiheit ist auch der Ursprung jenes ewigen Antagonismus zwischen Liberalismus und Demokratie zu suchen, der solange dauern wird, wie der politischen Freiheit nicht auch die ökonomische Freiheit zur Seite steht. S. auch die charakteristische Bemerkung Duguits, traité de droit constitutionel 1911, t. III, p. 612.

zugunsten des Bürgertums seine Austragung gefunden hat, kann sich ein reguläres Expropriationsinstitut klar und deutlich abzeichnen. Denn den Kampf zweier Klassen kann man nicht durch ein Expropriationsgesetz regeln. Man kann in einem Expropriationsgesetz den Schutz der individuellen Rechte gegen Enteignung festlegen, nicht aber kann ein Expropriationsgesetz darüber bestimmen, was »erworbene Rechte« sind und ob und in welchem Umfang, und ob ohne oder gegen Entschädigung erworbene Rechte durch Gesetze aufgehoben werden können. Solche Entscheidungen fallen aus dem Rahmen des bürgerlichen Rechtsstaats [1]) heraus, der das individuelle Eigentum als die gegebene Sozialordnung voraussetzt. Von dieser Voraussetzung aus beschäftigt er sich mit dem Schutz des individuellen Eigentums. Der Satz Lorenz v. Steins: »Das ganze Entwährungsrecht Frankreichs ist durch diesen Gang der Dinge zum bloßen Enteignungsrecht des Gesetzes von 1841 geworden [2])«, ist richtig. Die Geburt des Expropriationsrechts im bürgerlichen Frankreich bedeutet zugleich die notwendige Beschränkung dieser Institution. Denn das Expropriationsrecht des bürgerlichen Rechtsstaats ist nur das Korrelat der verfassungsmäßig sanktionierten Herrschaft des Privateigentums. Auf dieser sicheren Grundlage wird die Ausnahme festgestellt, die eben darin ihre Bedeutung und Umgrenzung findet, daß sie sich niemals auf ganze Eigentumskategorien bezieht. Expropriation bedeutet von nun ab in der juristischen Technik eine unter möglichster Einhaltung aller Rechtsgarantien vor sich gehende Entziehung von individuellem Einzeleigentum zu ganz bestimmten technischen Zwekken. Ihre prinzipielle Bedeutung besteht darin, daß sie zum Prüfstein bürgerlichen Rechtsstaatsdenkens geworden ist [3]).

Die technischen Daten der in Frankreich sich vollziehenden Entwicklung der Institution dienen als Bestätigung. Bis 1807 verblieb die Enteignung mit allen daran anknüpfenden Fragen innerhalb der Kompetenz der Verwaltungsbehörde. Der Versuch einer prinzipiellen Regelung beginnt mit einem Enteignungsgesetz für ein bestimmtes

---

[1]) S. die Ausführungen auf S. 31 f.

[2]) Unter »Entwährung« faßt Lorenz v. Stein Eingriffe in individuelle Privatrechte sowie Beseitigung wohlerworbener Rechte zusammen.

[3]) Deshalb ist die sachliche Darstellung der Bedeutung der Enteignungsgarantie für die Verfassungen des 19. Jahrhunderts bei Göppert-Eck, Gesetze haben keine rückwirkende Kraft (Iher. Jahrb. 22, 49 ff., 1884), vollkommen richtig. Nur hatte dieser Schutz gegenüber Eingriffen der Verwaltung in der konkreten historischen Situation des 19. Jahrhunderts eben eine über das Rechtstechnische hinausgehende, eminent verfassungspolitische Bedeutung.

Sachgebiet im Jahre 1807. Napoleon [1]) krönte das rechtsstaatliche Werk des bürgerlich-revolutionären Frankreich mit dem Gesetz von 1810, in dem der Ausspruch der Enteignung in die Hand richterlicher Behörden gelegt wurde. Die technischen Einzelheiten der Enteignung sind seither noch oft überholt worden, auch in Frankreich hat das Gesetz vom Jahre 1841 vieles geändert. Wer die Enteignung im Einzelfall auszusprechen hat, ob hierzu ein Spezialgesetz für den konkreten Fall, wie in England, ob nur eine Erklärung der höchsten Staatsbehörde notwendig ist, ob die Frage der Gemeinnützigkeit vom Gericht überprüft werden kann oder nicht, sind Fragen technischer Natur, die die einmal festgelegten Grundsätze nicht verändern. Die Pfeiler des individuellen Enteignungsrechts bleiben die Notwendigkeit einer gesetzlichen Grundlage und die gerechte, von unabhängigen Instanzen nachprüfbare Entschädigungsfestsetzung. Das sind für das Zeitalter des bürgerlichen Rechtsstaats keine technischen Notwendigkeiten, sondern Grundsätze, die aus dem seinem Verfassungssystem innewohnenden Geist entspringen.

In Deutschland hat eine revolutionäre Auseinandersetzung zwischen Bürgertum und Feudalismus nicht stattgefunden. An die Stelle einer politischen Gewaltlösung, wie sie in Frankreich innerhalb einer verhältnismäßig kurzen Zeitspanne stattfand, trat ein langsamer, von rückläufigen Bewegungen nicht verschont gebliebener Auseinandersetzungsprozeß. Dieser Prozeß warf alle die Fragen auf, die das französische Verfahren überflüssig machte. Die in Frankreich seit dem Ende des 18. Jahrhunderts erfolgte Eingliederung der Enteignung in das Sicherungssystem der Privatrechtsordnung beruhte auf der Auseinandersetzung mit dem Feudalismus. In Deutschland gab es in der ersten Hälfte des 19. Jahrhunderts keine klare Entscheidung zwischen bürgerlicher und feudaler Eigentumsordnung. Der Prozeß der Verwandlung feudalen Eigentums in bürgerlichen Besitz, der notwendig mit der Beseitigung der an das Feudaleigentum geknüpften politischen Rechte verbunden war, konnte nach den Gesetzen der politischen Machtverteilung erst dann seinem Ende zugehen, als das Bürgertum selbst die politische Macht in Deutschland übernahm. Die Ereignisse von 1848, verbunden mit dem raschen Gang der ökonomischen

---

[1]) Eine nur aus der geschichtlichen Entfernung verständliche Glorifizierung dieser Seite des Napoleonischen Wirkens hat Herman Hefele in seinem »Gesetz der Form« Nr. 11 »An Napoleon. Über die Bürgerliche Ordnung« gegeben.

Entwicklung Deutschlands, beschleunigten die lang verschleppte Auseinandersetzung, so daß dieser Ablösungsprozeß in den 60er Jahren wenigstens sein vorläufiges Ende fand. Bis zu diesem Zeitpunkt wäre die verfassungsmäßige Verankerung des Privateigentums in Preußen mindestens ein Akt gewesen, der eher gegen, als für das Bürgertum hätte ausgenützt werden können. Denn wer hätte verhindert, daß unter Berufung auf die Privateigentumsgarantie nicht auch der Adel sich der teilweise doch entschädigungslosen Beseitigung des Feudalismus hätte entgegensetzen können? Deshalb konnte in Preußen die verfassungsmäßige Garantie des Privateigentums erst an jenem Ruhepunkt der Auseinandersetzung erfolgen, die ökonomisch das Verhältnis zwischen Großgrundbesitz und städtischem Bürgertum, politisch zwischen absoluter und konstitutioneller Monarchie betraf.

Bevor aber auf die weitere Entwicklung des Enteignungsinstituts eingegangen werden kann, hat hier ein Hinweis auf diejenige literarische Auseinandersetzung zu erfolgen, die den Kampf um die Abschaffung des Feudalismus in Deutschland begleitete. Denn das Problem der erworbenen Rechte (das heißt Rechte, deren Entstehungstatbestand in einer überholten Sozialordnung begründet liegt) und ihrer gesetzgeberischen Behandlung ist nicht an eine bestimmte Zeit, an bestimmte historische Ereignisse gebunden. Immer dann, wenn ein Wirtschaftssystem das andere ablöst, Institutionen im Gefolge ökonomischer Gestaltwandlungen ihren Sinngehalt ändern, gibt es das Problem der »erworbenen Rechte«. Revolutionen wird das Problem der erworbenen Rechte, selbst wenn es bürgerliche Revolutionen sind, blitzartig nur im Moment klar. Im nächsten Augenblick muß es gelöst werden. Es bedeutet Sieg, wenn die erworbenen Rechte in den Orkus der historischen Vergangenheit gebannt werden können, es bedeutet Niederlage, wenn sie aufs neue ihr Haupt erheben. Aber auch Zeiten, die ohne plötzliche soziale und politische Umwälzung das Problem des Übergehens von einem Gesellschaftssystem zum andern auf gesetzlichem Wege zu erledigen haben, müssen diese Fage lösen. Das Problem besteht in Deutschland von 1930 ebenso wie in dem Preußen von 1850. Der Übergang von der ständischen Feudalordnung zur bürgerlichen Individualordnung hat dieselben technischen und juristischen Fragen aufgeworfen, wie sie die Übergangsordnung der Weimarer Verfassung aufwirft.

Die Fragestellung nach der gesetzlichen Zulässigkeit der Aufhebung erworbener Rechte beschäftigt sich nicht damit, welche Rechte aufzuheben sind. Öffentliche Meinung und soziale Notwendigkeit weisen hier in jedem Jahrhundert den Weg, auf dem auch die konservativsten Autoren notgedrungen zu folgen gezwungen sind. Die Fragestellung lautet im wesentlichen so: welche Rechte sind gegen Entschädigung, welche Rechte ohne Entschädigung aufzuheben? Hier teilen sich im 19. Jahrhundert, wie auch noch heute die Meinungen konservativer, liberaler und sozialistischer Autoren. Der konservative Friedrich Julius Stahl zieht keine Grenze hinsichtlich der Entschädigungspflichtigkeit zwischen der Aufgabe von politischen und rein privaten Rechtstiteln. Gewiß, er gibt zu, daß »in der großen weltgeschichtlichen Fortbildung des öffentlichen Zustands die erworbenen Rechte einzelner Menschen oder Klassen weichen müssen«; aber er meint, daß sie weichen müssen als anerkannte Rechte. Deshalb haben sie nach seiner Auffassung auf die schonendste Weise und gegen Entschädigung zu weichen [1]). Der konservative Staatsphilosoph widerlegt sich selbst, wenn er im Nachsatz resigniert feststellt, daß die Aufhebung, die gewaltsame Abstoßung der erworbenen Rechte als Werk besonderer Zeitepochen mehr eine weltgeschichtliche als eine juristische Rechtfertigung besitzt. Damit gibt er zu, daß das konservative Verhalten gegenüber der Frage der Entschädigungspflichtigkeit bei der Beseitigung erworbener Rechte rein reaktiv ist und kein Beurteilungsprinzip abgeben kann.

Lorenz von Stein hat sich in seinen frühen Werken als ein Autor erwiesen, der die Relativität des bürgerlichen Daseins zusammen mit Karl Marx am ehesten erkannt hat. Seine literarischen Versuche, die wachsende Antinomie dieses bürgerlichen Daseins aufzulösen, kamen aus dem Bereich bürgerlichen Denkens nicht heraus, indem sie den ökonomischen Zwiespalt durch eine rein politische Lösung zu überbrücken versuchten. Daher mußte Lorenz v. Stein auch in seinem zweiten umfassenden Versuch, der Verwaltungslehre, in die Bahn des Liberalismus zurückkehren. Immerhin bleibt ihr Teil über die »Entwährung« neben den im rein juristisch-technischen bleibenden Büchern von Georg Meyer [2]) und Grünhut [3]) in dieser Zeit das einzige Werk eines bürgerlichen Autors, das den Zusammenhang zwischen Ökonomie, Politik und juristischer Regelung erfaßt und im liberalen Sinne ver-

---

[1]) Fr. J. Stahl setzt seine Lehre in seiner »Rechts- und Staatslehre«, I. Abteilung, 3. Buch, § 15 ff. (Heidelberg 1870) auseinander.

[2]) Georg Meyer: Das Recht der Expropriation, Leipzig 1868.

[3]) C. S. Grünhut: Das Enteignungsrecht, Wien 1873.

arbeitet. Für Lorenz v. Stein ist die Zweiteilung, wie sie das ursprüngliche Dekret der französischen Nationalversammlung vom 6. August 1789 vorgenommen hat, das Vorbild. Auch er möchte zwischen der Aufhebung der feudalen Rechte rein politischer Natur (Patrimonialgerichtsbarkeit usw.) und derjenigen, die nachweislich aus reinen privatrechtlichen Vertragsverhältnissen entstammen, unterscheiden. Die Aufhebung der öffentlichen Rechtstitel des Feudalismus soll ohne Entschädigung erfolgen; denn hier fühlt der Liberale die Aufhebung einer dem Bewußtsein der Zeitgenossen nicht mehr adäquaten staatlichen Ordnung durch eine andere. Es fand hier, wie er es plastisch ausdrückt, eine Aufhebung statt, die »ihrem Wesen nach nur ein Zurücknehmen dieser Rechte von Seiten des Staates war«. Für die privaten Rechte aber, und seien sie auch dem Zeitbewußtsein noch so wenig entsprechend, fordert Stein die Entschädigung und erklärt sich insofern mit der preußischen Agrargesetzgebung seiner Zeit einverstanden. Sein Fehler liegt darin, daß er willkürlich hinter die gesellschaftliche Entwicklungsreihe den Punkt dort setzt, wo es ihm nach den Perspektiven seiner späteren Lebensjahre für angemessen schien. Seine Entwicklungsreihe heißt: Geschlechterordnung, Ständeordnung und staatsbürgerliche Gesellschaft. Unter staatsbürgerlicher Gesellschaft versteht Stein aber sein eigenes Zeitalter, die Zeit eines individualistisch gesinnten Kapitalismus, jene Zeit, die in besserer Selbsterkenntnis kürzlich die englische liberale Wirtschafts-Studienkommission uns durchaus zutreffend als Übergangsstadium geschildert hat[1]). Da Lorenz v. Stein glaubt, daß jene Stufe der kapitalistischen Wirtschaftsentwicklung die bestmögliche Wirtschaftsform bedeute, hält er es für gerecht und richtig, die Überführung ständischer Wirtschaftsformen in das individualistische, kapitalistische Wirtschaftssystem nur gegen Entschädigung zuzulassen. Die kontraktliche Bindung, deren Innehaltung dem Wirtschaftsdenken der staatsbürgerlichen Gesellschaft selbstverständliche Grundvoraussetzung war, muß schon des Prinzips wegen auch bei Beurteilung der ständischen Ordnung gewahrt

[1]) »The social foundations of progress were the liberation of the energies of the middle classes, the scope offered to their enterprise, their talents, and their thrift, and the honour paid to success in business life. It was the age of Samuel Smiles and the self-made man, of the dominance of the bourgeosie. Its political foundations were the general abstention of the State from attempts to control the course of industrial development and the reliance of the initiative and unrestricted competition of independent business concerns. It was the age of laissez-faire.« Britains Industrial Future, being the Report of the Liberal Industrial Inquiry, London 1928, S. 6.

bleiben. Lorenz v. Stein hat damit seine gesellschaftswissenschaftlichen Betrachtungen und Ansätze mit einer Geschichtskonstruktion belastet, die sich sehr bald als fehlerhaft herausgestellt hat. Die Frage der erworbenen Rechte kann nicht mit Hinblick auf eine Geschichtskonstruktion gelöst werden, die aus dem vermeintlichen Zu-Ende-gehen von Entwicklungsstadien Gerechtigkeitsforderungen herauskristallisiert, die nichts als Widerspiegelungen bestimmter Zeitauffassungen sind.

Dem Vertreter der Hegelschen Linken blieb es vorbehalten, die erworbenen Rechte auf eine Weise zu behandeln, die mehr als die konservative und liberale Anschauung von dem Bewußtsein getragen war, daß nicht Aufgabe der Rechtslehre sein kann, in den Gang der historischen ökonomischen Entwicklung künstliche Hindernisse einzuschalten. Ferdinand Lassalle hatte gegenüber Lorenz v. Stein den Vorteil, daß er den Durchgangscharakter des bürgerlichen Zeitalters erkannte und demgemäß die Ablösung der erworbenen Rechte nicht mit den friedfertigen und milden Blicken eines Bürgers ansah, der in dem Bewußtsein, eine notwendig siegende Gesellschaftsordnung zu vertreten, alle Rechtsansprüche einer untergehenden Gesellschaftsordnung rasch noch befriedigt, um desto schneller und kampfloser zu seinem Siege zu gelangen. Lassalle wußte, daß es einer allgemeingültigeren Formel bedurfte, die dem Problem der erworbenen Rechte als einer Frage, die bei der Ablösung jedes Gesellschaftssystems auftaucht, Rechnung trägt. Jede Stellungnahme, die die Frage so lösen will, daß sie die Gebote einer Willensmacht [1]), die vergangenen Zeiten angehört, als für Gegenwart und Zukunft heilig und unabänderlich hinstellt, hat Lassalle mit Recht zurückgewiesen. Das Individuum ist souverän im Erwerb von Rechten, solange die Gesetzgebung den betreffenden Rechtsinhalt zu erwerben gestattet. Dadurch erhält das Individuum aber keineswegs das Recht, sich als Gesetzgeber für die Zukunft zu proklamieren und jeder neuen Gesetzgebung den Schein seines Rechtes entgegenzusetzen. Die Formulierung, mit der Lassalle diesem Gedankengang Ausdruck gab, besteht auch heute noch zu Recht: »Es läßt sich also vom Individuum kein Pflock in den Rechtsboden schlagen und sich mittels desselben für selbstherrlich für alle Zeiten und gegen alle künftig zwingenden oder prohibitiven Ge-

[1]) Klassisch kommt die Anschauung einer notwendigen Fernwirkung der Willensmacht bei Trendelenburg: Naturrecht, Berlin 1868, § 49 zum Ausdruck.

setze erklären. Denn nichts anderes als diese verlangte Selbstsouveränität des Individuums liegt in der Forderung, daß ein erworbenes Recht auch für solche Zeiten fortdauern soll, wo prohibitive Gesetze seine Zulässigkeit ausschließen.« [1]) Dem gegenwärtigen Zeitbewußtsein muß es vorbehalten bleiben, darüber zu Gericht zu sitzen und sein Urteil abzugeben, welche Rechte der Vergangenheit auch unter veränderten wirtschaftlichen Verhältnissen noch zu Recht bestehen, und jede Zeit muß das Recht haben, selbst zu bestimmen, ob sie zulassen will, daß solche Rechte, die in ihren Augen keinen Rechtscharakter mehr tragen, sofort und mit rückwirkender Kraft beseitigt werden. Sie allein ist Herrin darüber, ob solche Rechte überhaupt nicht mehr existieren, oder ob nur ihre zukünftige Entstehung an neu zu schaffende Bedingungen geknüpft werden soll. Von diesem Standpunkt aus hat Lassalle mit Recht einen erbitterten Kampf gegen die preußische Ablösungsgesetzgebung geführt, insoweit sie Rechte, die vom Bewußtsein seiner Zeit als rechtmäßige Rechte nicht mehr anerkannt werden konnten, dennoch für ablösbar erklärte. Lassalle wies auf die Inkonsequenz hin, die darin liegt, daß der Gesetzgeber anerkennt, daß das Rechtsbewußtsein einer Zeit eine Klasse von Rechten als nicht mehr mit den heutigen Verhältnissen in Einklang stehend bezeichnet, und dennoch zu ihrer Ablösung schreitet. Wer zuerst — wie dies im Artikel 42 der preußischen Verfassung von 1850 geschah — Rechtskategorien ohne Entschädigung aufhebt und späterhin dazu übergeht, für die Ablösung dieser Rechte Entschädigungspflicht gesetzlich festzulegen, der läßt diese Rechte in Wirklichkeit weiter existieren. Die Konsequenz Lassalles, daß die Aufhebung von Rechten, deren Weiterbestehen das Zeitbewußtsein verbietet, nur ohne Entschädigung geschehen kann, ist richtig und zeitlos gültig. Was Lassalle vor den andern Schriftstellern auszeichnet, ist sein Bewußtsein von der geschichtlichen Wandelbarkeit der rechtlichen Institutionen und sein grandioser Versuch, für diese Wandlung allgemeingültige Rechtskategorien zu schaffen. Wie sehr seine Theorie der erworbenen Rechte darauf eingestellt ist, nur eine Regel darüber aufzustellen, wie die Kollision zwischen Rechtsvergangenheit und Wirklichkeit zu beurteilen ist, das zeigen folgende für den Schreiber so charakteristische Zeilen: »Die Frage, welchen Inhalt das heutige Zeitbewußtsein hat, welchen Inhalt jedes spätere Zeitbewußtsein haben wird und mag, sind offenbar Fragen, deren inhaltliche Beantwortung durch keine formale Regel —

[1]) Das System der erworbenen Rechte, I. Teil, Leipzig 61, S. 197.

das wäre ja ein reines Vademecum für die ganze Weltgeschichte — gegeben werden kann und die mit einer Rückwirkungstheorie gar nichts zu tun haben. Was diese leisten soll, ist nur, die formale Rechtlogik festzustellen, welche nachweist, was, welchen Inhalt auch das heutige Zeitbewußtsein habe oder ein späteres Zeitbewußtsein haben wird und mag, in bezug auf die bereits bestehenden Rechtsverhältnisse gemäß daraus folgert. Der Inhalt des Zeitbewußtseins muß für die Frage der Rückwirkung als bekannt vorausgesetzt werden. Die Frage nach diesem Inhalt ist keine andere als die: wie soll der Gesetzgeber über alle Materien überhaupt denken. Jene formale Rechtslogik habe ich geschaffen, und mich dünkt, mit ehernen Klammern befestigt« [1]).

Wer der Träger des Rechtsbewußtseins sein soll, darüber hat sich Lassalle im positiven Sinne nicht ausgesprochen. Wohl befindet sich in dem eben zitierten Brief eine Stelle, die dem Parlament Recht und Fähigkeit zu diesem Amt im Einklang mit Rodbertus abspricht. Sicher hat hier die Abneigung des Konservativen und des Sozialisten gegen die Zusammensetzung des damaligen Parlaments, das seine Zustimmung zu den nicht mehr zeitentsprechenden Ablösungsgesetzen erteilte, mitgesprochen. Eine generelle Aversion Lassalles gegen die Parlamente zur Feststellung der jeweilig durch das Volksbewußtsein gebotenen notwendigen Beseitigung von Rechtskategorien läßt sich daraus nicht folgern. Denn Lassalle spricht immer von Gesetzen, diese sind aber Akte der Legislative, und daß die Legislative formell zur Aufhebung erworbener Rechte berechtigt sei, hat nicht einmal der sonst vollkommen in der liberalen Ideologie verbleibende Bluntschli geleugnet, der folgerichtig trotz aufrichtigen Bedauerns für den Richter keine Möglichkeit sieht, Gesetzen mit ausdrücklich ausgesprochener rückwirkender Kraft seine Anerkennung zu versagen [2]).

In der Theorie wie in der Praxis hebt sich aber deutlich der Wille ab, Eingriff in erworbene Rechte und Enteignung voneinander getrennt zu halten und zu unterscheiden. Für das bürgerliche Bewußtsein der Mitte des vorigen Jahrhunderts, für das der private Besitz an Produktions- und an Existenzmitteln Grundlage des wirtschaftlichen und kulturellen Daseins war, durfte die gleichzeitige Existenz beider Rechtsformen nicht in einen Zusammenhang gebracht werden, der es ermöglichte, auch Formen für die Überwindung des bürger-

---

[1]) Briefe von F. Lassalle an Carl Rodbertus, Berlin 1888, S. 33.

[2]) Bluntschli: Allgemeines Staatsrecht 1868, Bd. I, S. 564; desgleichen Christiansen: Über erworbene Rechte, Kiel 1866.

lichen Privateigentums zu schaffen. In dieser Hinsicht ist der Unterschied zwischen dem Liberalen Stein auf der einen, dem Konservativen Stahl und dem Sozialisten Lassalle auf der anderen Seite entscheidend. Stein faßt Enteignung und Ablösung [1]) von Rechten technisch zusammen, nimmt aber dieser Zusammenfassung jede Bedeutung, wenn er die Aufhebung erworbener Rechte mit dem Sieg der bürgerlichen Gesellschaft als erledigt ansieht. Der Gedanke, daß auch das Eigentum einmal nicht mehr das Korrelat, sondern der Widerpart der menschlichen Freiheit sein könne, taucht bei ihm nicht auf. Lassalle und Stahl sehen wohl den technischen Unterschied beider Begriffe, die singuläre Natur der Enteignung und die ganze Rechtskategorien umfassende Rechtsaufhebung; beide bemerken aber, wie sich diese Institute in jeder Gesellschaftsordnung gegenseitig durchdringen. Mit Recht hat Lassalle dabei darauf hingewiesen, daß die Aufhebung erworbener Rechte in der allgemeinen Tendenz liegt, die Eigentumssphäre des Privatindividuums zu beschränken und immer mehr Objekte außerhalb des Privateigentums zu setzen [2]). Wie weit die konkrete Deutung Lassalles mehr seinem Wunsche als der Wirklichkeit der kapitalistischen Eigentumsrechtsordnung entsprach, kann hier dahingestellt bleiben. Wichtig an ihr ist nur der Versuch rechtssoziologischer Formulierung von Entwicklungstendenzen, die die Aufhebung von Rechtskategorien nicht wie Stahl resignierend in das Gebiet des rein faktischen verweist, sondern die Tendenz aufzeigt, eine Einschränkung des Eigentumsinhalts rechtlich fortlaufend herbeizuführen [3]).

Die preußische Verfassung von 1850 hatte genau wie die Verfassung der Paulskirche die beiden Materien, Enteignung und Rechtsaufhebung und -ablösung streng getrennt. Es mag dies vielleicht einer der Gründe gewesen sein, warum die Kommentatoren der preußi-

---

[1]) Stein bezeichnet den Sachverhalt der Aufhebung der erworbenen Rechte als Ablösung, das heißt er hält die Entschädigung für ein begriffswesentliches Merkmal.

[2]) System I S. 259 Anm. 1.

[3]) Die grundsätzliche Bedeutung Lassalles für die Rechtswissenschaft bleibt meistens unberücksichtigt, eine Ausnahme macht Sinzheimer, der verschiedentlich auf ihn Bezug nimmt. Es nimmt Wunder, daß eine Abhandlung wie die von Göppert-Eck, die aus einer positivistischen Grundlage heraus in den Resultaten sich sehr stark Lassalle annähert und zudem die Resultate seiner historischen Untersuchungen großen Teiles übernimmt, Lassalle trotzdem wegen der Gesamttendenz, »einer sozialistischen Umgestaltung unseres ganzen Rechtslebens die juristische Legitimität zu erstreiten«, ablehnt.

schen Verfassung den Art. 9, der die Unverletzlichkeit des Eigentums und die Voraussetzungen der Enteignung festlegte, mehr nur vom jeweiligen Standpunkt des liberalen oder des konservativen Kommentators aus gesehen haben, anstatt seine prinzipielle Bedeutung aufzuzeigen. Die Doppelgleisigkeit der Behandlung von Enteignung und Rechtsaufhebung ermöglichte immerhin, die Enteignung so zu betrachten, als ob schon eine vollkommene bürgerliche Rechsordnung vorhanden wäre, deren Einheitlichkeit die Aufhebung von Rechtskategorien nicht kennen kann; denn die notwendige Aufhebung von Rechtskategorien bezeugt gerade, daß eine einheitliche bürgerliche Rechtsordnung noch nicht gegeben ist. Durch die Trennung der Materien gewinnt die Enteignung das gleiche Gesicht wie in den anderen konstitutionellen Verfassungen. Unter der Voraussetzung der Herrschaft einer bürgerlichen Gesellschaftsordnung schreibt sie die notwendigen Verfahrensmaximen bei Eingriffen in das individuelle Eigentum vor. Gerade aus dieser Sanktionierung von Verfahrensvorschriften wird aber erst ihre Grundlage klar. Die Enteignungsbestimmungen des bürgerlichen Rechtsstaats haben das Prinzip der bürgerlichen Eigentumsordnung zur Voraussetzung. Die Erklärung der Unverletzlichkeit des Eigentums ist wörtlich zu nehmen. Man mag darüber streiten, ob der Staat dem Eigentum als etwas außerhalb seiner selbst stehendem eine Garantie verleiht oder ob hier ein Schöpfungsakt des Staates vorliegt. Soziologisch wichtig ist nur, daß der Staat das Prinzip des Privateigentums in die Grundlagen seiner Verfassung mitherein genommen hat und sich nach ihm zu richten gewillt ist. Seine Behandlung der Enteignung bietet hierfür nur die Bestätigung. Diese grundlegenden Tatsachen haben die Kommentatoren nicht genügend gewürdigt. Gewiß ergab sich aus der technischen Fassung der Enteignungsformel, daß die Verfassung nur das Verfahren bei Einzeleingriffen bekümmerte und sie gegen Eingriffe durch Gesetze nicht schützte. Das hatte eine doppelte Bedeutung: Einmal, wie schon erwähnt, wollte das Bürgertum nicht auf diese Weise dem Adel noch eine Waffe gegen sich in die Hand geben, indem dieser hier einen Grund für die gesetzliche Unzulässigkeit jeder Art von Eingriff in erworbene Rechte hätte finden können. Deshalb wurde bei den Beratungen ausdrücklich festgestellt, daß der Art. 9 sich nur auf Entziehungen und Beschränkungen, welche in einzelnen Fällen eintreten sollen, nicht aber auf Beschränkungen, welche vermöge einer allgemeinen gesetzlichen Disposition stattfinden, bezieht [1]). Damit war klargestellt, daß eine unentgeltliche Aufhebung von Grundlasten zulässig ist. Zum zweiten aber war bei den damaligen politischen Machtverhältnissen die Gesetzgebung in den Händen der besitzenden Bürgerschichten, so daß gesetzliche Eingriffe in das Eigentum immer nur dann beschlossen werden konnten, wenn das Bürgertum damit einverstanden war. So gesehen, bedeutet diese Formulierung unter den damaligen Verhältnissen nur einen Erfolg des Bürgertums, das damit auch generellen Eingriffen der Regierungsgewalt in das Eigentum auf dem Verordnungsweg einen Riegel vorschob. Um diesen Punkt drehen sich die Erörterungen der Verfassungskommentatoren, die hier je nach liberaler [2]) oder konservativer [3]) Färbung für Gesetz oder Verordnung, Parlament oder Regierung kämpfen. In diesem Kampf, der aber von beiden Seiten unter voller Anerkennung des Privateigentums als Gesellschaftsgrundlage ausgetragen wurde, verflüchtigte sich der eigentliche Sinngehalt der Enteignungs-Bestimmung, der erst heute wieder in seinem historischen Zusammenhang mit allen bürgerlich-rechtsstaatlichen Verfassungen kenntlich wird.

Die Entwicklung des Enteignungsinstituts in der zweiten Hälfte des 19. Jahrhunderts hängt eng zusammen mit der technischen Entwicklung, die der Kapitalismus in Deutschland genommen hat. Das schnelle Anschwellen der Bevölkerungsziffer und die damit verbundenen Binnenwanderungen waren es vor allem, die den mit den Mitteln der neuen Technik geschaffenen Verkehrsmitteln zur raschesten Verbreitung verhalfen. Hier war das große Anwendungsfeld für die Enteignung gegeben [4]). Daneben waren es industrielle Unternehmungen, die sich der Enteignung, der Mithilfe des Staates bedienten, wenn sich sonst ihrem Wachstum private Grenzen entgegensetzten, wie dies hauptsächlich auf dem Gebiet des Bergwesens der

[1]) Plastisch deutlich wird dies bei Bluntschli-Brater: Staatslexikon Bd. 5, S. 210. »Wenn daher jetzt noch hin und wieder eine entgegengesetzte Ansicht laut wird, um eine angebliche Ungerechtigkeit der Ablösung der gutsherrlichen Rechte und Feudallasten wie des unentgeltlichen Wegfalls einzelner Beschränkungen des bäuerlichen Besitzes zu behaupten, so beruhen dergleichen Behauptungen auf Heuchelei und auf Verkennung des Sinnes und der Bedeutung des Art. 9.«

[2]) Anschütz: Verfassungsurkunde für den preußischen Staat, Berlin 1912, und v. Roenne, Staatsrecht der preußischen Monarchie, 2. Bd., Leipzig 1882.

[3]) Arndt: Die Verfassungsurkunde für den preußischen Staat, Berlin 1897.

[4]) Siehe Wittmayer, Artikel: Enteignung in Handwörterbuch der Staatswissenschaften, 4. Aufl. Bd. III.

Fall war. Solchen Zwecken dienten die Enteignungsbestimmungen in den verschiedensten Einzelgesetzen, grundlegend aber war regelmäßig in allen Einzelstaaten ein Gesetz, das das Verfahren, das bei der Enteignung zu handhaben war, beschrieb. Preußen erließ ein solches Gesetz 1874. Hier tritt uns neben dem seit der französischen Revolution formell gleich gebliebenen, aber inhaltlich nach der jeweiligen Wirtschaftsstruktur sich wandelnden Begriff des öffentlichen Wohls jener Unternehmensbegriff entgegen, der durch die gestaltende Hand Otto Mayers zum Zentralpunkt des modernen Enteignungsrechts gemacht worden ist [1]). Die Formulierung Mayers, daß die Enteignung ein obrigkeitlicher Eingriff in das unbewegliche Eigentum des Untertanen sei, um es ihm zu entziehen für ein öffentliches Unternehmen, und die weitere Definition, daß öffentliches Unternehmen als ein durch seinen besonderen Zweck gekennzeichnetes und abgegrenztes Stück öffentlicher Verwaltung anzusehen sei, war nicht nur trefflich brauchbar für eine bestimmte Zeitepoche, sie stellt zweifelsohne den bleibenden und eigentlichen Sinn des Enteignungsinstituts klar. Denn hier ist negativ die dem individuellen Enteignungsakt innewohnende Zufälligkeit in bezug auf das Enteignungsobjekt gekennzeichnet. Die individuelle Enteignung entzieht und überträgt Eigentum seinem körperlichen Bestand nach. Sie entzieht und überträgt aber nicht planmäßig, um die frühere Verwendungsform erneut und organisatorisch verbessert wieder aufzunehmen, sondern läßt die neue Daseinsform allein von dem Willen des Exproprianten her bestimmen. Hier in dieser reinen Zufälligkeit liegt allein die moralische Rechtfertigung der Entschädigungsforderung. Diese Enteignung akt von keinem bestimmten vorgefaßten Plan aus, und die Gesichtspunkte, unter denen sie betrieben wird, sind rein technischer Art. Darin liegt übrigens auch die Rechtfertigung des heute verworfenen Ausdrucks »Zwangskauf« statt Expropriation, der wohl aus konstruktiven Gründen nicht haltbar ist, aber den soziologischen Tatbestand besser wiedergibt. Er weist auf die diffuse, okkasionelle Ausübung der Expropriation hin. Aus seinem Enteignungsinstitut hat Otto Mayer in vollkommenem Einklang mit der Verfassungsentwicklung des 19. Jahrhunderts alle Bestandteile entfernt, die nicht dem individuellen, nach bestimmten Verfahrensvorschriften sich richtenden Enteignungsbereich angehören. Aber die technische Ent-

[1]) Otto Mayer: Deutsches Verwaltungsrecht Bd. 2, zit. nach der 3. Aufl. 1924, S. 1 erstmalig erschienen 1883/85.

wicklung des Kapitalismus brachte es mit sich, daß teils gesetzlich, teils durch reine Verwaltungsanordnung vielerlei Eingriffe in die Eigentumssphäre des Einzelnen vorgenommen wurden. Dazu kamen im Zeitalter einer gesteigerten nationalen Machtentfaltung Beschränkungen, die die militärische Gewalt dem Eigentum des Einzelnen auferlegte. Wo sollte sie die Rechtstheorie unterbringen? Soweit es sich um die Rechtspraxis handelte, gab es keine Sorgen. Eingriffe von Verwaltungsbehörden, die zwar innerhalb ihrer Kompetenz, aber ohne besondere gesetzliche Ermächtigung handelten, wurden nach dem alten Schema der erworbenen Rechte behandelt. Es wurde eine Entschädigung gezahlt, soweit dies durch Gesetz nicht ausdrücklich ausgeschlossen war [1]). Immerhin ist bemerkenswert, daß auch die Gerichte hier niemals den Begriff der Enteignung anwendeten.

Otto Mayer versuchte, der Materie dadurch Herr zu werden, daß er die Figur der öffentlich rechtlichen Dienstbarkeiten und der öffentlich-rechtlichen Eigentumsbeschränkung einführte. Dem individualistischen Geist des Zeitalters entsprach es, in vielen Fällen für dauernde Eingriffe in das Eigentum Entschädigungen zu zahlen. Hier ist der Ort der öffentlich-rechtlichen Billigkeitsentschädigung. Sie ist jedoch nichts weiter als eine Forderung an den Gesetzgeber, die er erfüllen kann oder nicht. Eine Forderung gegen den Willen des Gesetzes hat das Rechtsdenken der deutschen Verwaltungsrechtslehre, solange das Gesetz Ausfluß bürgerlichen Willens blieb, nicht erhoben. Möglich, daß alle diese Beschränkungen, damals noch nicht unter einheitlichen sozialen Prinzipien zusammengefaßt, noch williger ertragen wurden. Die einheitliche Behandlung aller Billigkeitsforderungen durch die Verwaltungsrechtslehre mußte deshalb an dem Willen des Gesetzgebers scheitern, und die begriffliche Zusammenfassung Otto Mayers [2]) verlor dort an Überzeugungskraft, wo er selbst mit dem Hinweis auf die Verschiedenheit der positiven Gesetzgebung sich begnügen mußte. Die Lehre von der öffentlich-rechtlichen Eigentumsbeschränkung im engeren Sinn hat Otto Mayer zu dem Ergebnis geführt, daß dem Eigentum gegenüber dem Staat eine allgemeine und im voraus anhängende Schwäche anhafte, daß die Macht

[1]) S. die Entscheidung des preußischen Obertribunals in dessen Sammlung Bd. 72 Nr. 1; Reichsgericht Bd. 12 S. 3, Bd. 19 S. 355 f., die die reinkapitalistische Begrenzung der Eigentumsinstitution klassisch vertritt; RG. Bd. 41 S. 142 ff. und S. 191 ff., Bd. 72 S. 85 ff.

[2]) Besonders auffallend a. a. O. Bd. 2 S. 115.

des Eigentümers, andere von der Einwirkung auf sein Eigentum auszuschließen, in bestimmter Beziehung zu verneinen sei. Man mag diese Lehre auf der einen Seite vielleicht nur als einen Ausfluß des Agnostizismus ansehen, den Mayer gegenüber den gesetzlichen Eingriffen des Staates immer gezeigt hat; wichtiger und entscheidender ist jedoch dabei, daß hier, allerdings an einer nicht sehr bedeutenden Stelle des Gesamtsystems, die Erkenntnis aufdämmert von der Differenzierung des Eigentumsmachtbereichs, je nachdem es sich um seine Stellung gegenüber einem anderen Privateigentum oder gegenüber der öffentlichen Gewalt handelt [1]).

Während für die Juristen die Grenzen, die der bürgerliche Staat zwischen den hier behandelten Rechtsinstituten errichtete, Ansätze einer systematischen Behandlung sehr erschwerten, blieb es einem außerhalb der juristischen Disziplin beheimateten Gelehrten vorbehalten, aufzuzeigen, daß das geltende Enteignungsinstitut nur der Reflex des Entwicklungsgrades der gesamten Sozialordnung darstellt. Adolf Wagner [2]) hat in Verfolgung der Entwicklung, die das Rechtsinstitut in der zweiten Hälfte des 19. Jahrhunderts genommen hat, dessen Zuordnung zu einer Vervollkommnung des privatwirtschaftlichen Systems aufgezeigt. Er hat unseres Wissens als erster darauf hingewiesen, daß bei einer erforderlichen Umgestaltung des Wirtschaftslebens eine veränderte Verteilung und Gestaltung des Verfügungsrechts über bewegliches und unbewegliches Kapital notwendig ein ebenfalls verändertes Enteignungsrecht voraussetze. Dabei hat er eine auf legislatorischem Wege vollzogene Umformung einer privatkapitalistischen Gesellschaftsordnung zu einer gemeinwirtschaftlichen für die Zukunft im Auge. Freilich hält er für die nächste Zeit den faktischen Ausschluß der meisten von ihm behandelten Enteignungsfälle für wahrscheinlich, da er im Anschluß an Lassalle vom Volksbewußtsein ausgeht und deshalb die damalige Existenz eines öffentlichen Interesses für eine solche Aussdehnung der Gesetzgebung noch nicht oder nur erst selten für gegeben hält. Wesentlich an seinen Ausführungen ist jedenfalls, daß er den Begriff des öffentlichen Inter-

---

[1]) Abgeschwächt übernommen von Walter Jellinek: Verwaltungsrecht, 2. Aufl. S. 398. Die an dieser Lehre geübte Kritik Günther Holsteins in: Die Lehre von der öffentlich-rechtlichen Eigentumsbeschränkung, Berlin 1921, ist in technischen Einzelheiten richtig, s. besonders S. 87—89; trifft aber das Problem selbst nicht.

[2]) Grundlegung der politischen Ökonomie, 3. Aufl., 2. Teil, Leipzig 1894, S. 527 ff.

esses aus der technischen Sphäre eines Fortschritts innerhalb der privatkapitalistischen Wirtschaftsordnung deutlich heraushebt und das öffentliche Interesse unter dem prinzipiellen Gesichtspunkt der Wandelbarkeit der öffentlichen Anschauungen in bezug auf das Wirtschaftssystem selbst betrachtet. Öffentliches Interesse wird zum Urteil über Richtigkeit oder Verfehltheit des Wirtschaftssystems selbst. Damit hat Wagner in der prinzipiellen Behandlung der Materie den vom liberalen Rechtsstaat vorgezeichneten Rahmen gesprengt, und seine »Enteignung« hat mit dem bisher geltenden Rechtszustand nur noch den Namen gemein. Dies zeigt sich deutlich in der Art, wie Wagner den Entschädigungspunkt behandelt. Ausdrücklich wird hier auf Lassalle hingewiesen, der diese Frage richtig entschieden habe, und ganz in seinem Sinne wird die individuelle Enteignung, die Zwangsabtretung, von der Aufhebung ganzer Rechtsgattungen getrennt. Sehr gut wird hier die Berechtigung der Entschädigung bei der Zwangsabtretung in der reinen Zufälligkeit des Konflikts des privaten mit dem öffentlichen Interesse gefunden und die Entschädigung dadurch gerechtfertigt, daß hier ein Opfer zugemutet wird, welches andere, das selbe Recht besitzende Personen nicht trifft. Damit wird am Ende des liberalen Rechtsstaats noch einmal ausdrücklich festgestellt, daß die Enteignung sowie das öffentliche Interesse, in dessen Namen sie vorgenommen wird, innerhalb der reinen Immanenzsphäre des liberalen Staates beharrt und daß das, was Adolf Wagner etwas verlegen ebenfalls als Enteignung bezeichnete, mit dem hier gemeinten Rechtsinstitut nur technische, keine prinzipielle Gemeinsamkeiten mehr hat.

Nirgends wird die Problematik zwischen dem alten liberalen Rechtsstaat und der neuen Zeit sichtbarer als bei der Beratung des Polengesetzes im Jahre 1907. Hier versuchte der vorrevolutionäre Staat, unter Zubilligung aller nach liberal-rechtsstaatlichen Grundsätzen notwendigen Entschädigungsbeträge, seine nationale Ansiedlungspolitik durchzuführen; er schuf die generelle Möglichkeit, polnischen Großgrundbesitz in Siedlungsland für deutsche Bauern zu verwandeln. Er unternahm hier mit aus vielen Gründen unzureichenden Mitteln nur das, was nach Beendigung des Weltkriegs überall rings um die deutschen Ostgrenzen mit größerer Intensität und ohne rechtsstaatliche Skrupel in Wirklichkeit umgesetzt wurde. Doch hier zeigte sich im alten Deutschland, obwohl es sich um nationale, nicht um soziale Belange handelte, daß jedes planmäßige Unternehmen, auch wenn es nicht nur die Privatrechtssphäre von einzelnen, sondern von einer generell bestimmten Mehrzahl von Menschen verletzt, mit dem Charakter des liberalen Rechtsstaats nicht vereinbar ist.

Klassisch wird dieser Sachverhalt aus der Rede klar, die damals der Zentrumsabgeordnete Porsch [1]) hielt: »Bisher hat man«, so heißt es hier, »das Objekt expropriiert, man hat das Grundstück genommen, ganz ohne Rücksicht darauf, in wessen Händen es war, um es einer anderen Bestimmung zu widmen, in der es dem öffentlichen Wohl zu dienen geeignet ist. Hier will man das Objekt nicht einer anderen wirtschaftlichen Bestimmung widmen, auch nicht einem allgemeinen Zweck, sondern man will, daß andere Hände für ihre eigenen Privatzwecke dieses Objekt künftig benutzen sollen.« Und er fügt bitter hinzu: »Man müßte danach Artikel 9 der preußischen Verfassung so ändern: Der Staat ist berechtigt, über das Privateigentum frei zu verfügen, soweit ihm das notwendig erscheint.« Man hat sich damals über diese Bedenken um der nationalen Sache willen hinweggesetzt. Aber war es nicht ein Präjudiz? Gestern war es der nationale, heute ist es der soziale Staat. Die Maxime des liberalen Rechtsstaats ist verlassen, sofern überhaupt der Staat selbsttätig regelnd in das eingreift, was bisher unbestritten privater Herrschaftsbereich war. Sehen wir, wie die Weimarer Verfassung den Versuch unternimmt, die Fülle der nunmehr neu auftauchenden Probleme zu bewältigen, und wie die Praxis den Intentionen dieser Verfassung gerecht zu werden versucht.

Als Ergebnis der hier angestellten Untersuchung ist festzuhalten: Die Eigentumsschutzformeln der Verfassungsurkunden des 19. Jahrhunderts haben die Existenz der bürgerlichen Gesellschaftsordnung zur Voraussetzung. Sie besagen, daß das Eigentum jedes einzelnen Bürgers nur durch einen Verwaltungsakt auf Grund eines gesetzlich geregelten Verfahrens weggenommen werden kann. Bis zur Mitte des Jahrhunderts wurde insbesondere in Ländern mit noch rückständiger Agrarverfassung die Aufhebung erworbener Rechte als Abschaffung ganzer Rechtskategorien stets vom Enteignungsprozeß, der nur als Rechtseinrichtung, nicht aber in jedem einzelnen Fall politisch-gesellschaftliche Relevanz besitzt, streng getrennt. Seit 1870 etwa war diese

[1]) Bei Gelegenheit der Beratung des Gesetzes über Maßnahmen zur Stärkung des Deutschtums in den Provinzen Westpreußen und Posen, stenographischer Bericht des Abgeordnetenhauses 1908, S. 3117. Siehe auch die symptomatischen Ausführungen von Ernst Havenstein in Schmollers Jahrbuch Bd. 41/3, 4 S. 108.

Unterscheidung zwar immer fortlaufend noch vorhanden, praktische Bedeutung kam ihr jedoch nicht zu, da das bürgerliche Eigentum unantastbare, herrschende Gesellschaftsgrundlage geworden war. Die Unterscheidung mußte erneut ins Bewußtsein zurückkehren, als mit der Veränderung der gesellschaftlichen Verhältnisse das bürgerliche Eigentum selbst seiner Bedeutung als unantastbare Gesellschaftsgrundlage entkleidet wurde.

II. Die Reichsverfassung.

Die Weimarer Reichsverfassung hat am deutlichsten von allen Nachkriegs-Verfassungen das laissez-faire, laissez-passer, das die bürgerlichen Verfassungen des 19. Jahrhunderts den Fragen der Wirtschaft gegenüber bezeugten, endgültig beseitigt. Sie hat den Willen gezeigt, damit aufzuräumen, die wirtschaftliche Betätigung des Menschen in den Bereich einer sie nicht interessierenden Freiheit zu verweisen. Sie garantiert nicht mehr nur, sie will selbst verantwortlich sein. Das war der Wille der Reichsverfassung, und diesen Willen gilt es zu respektieren und zu erforschen. Dem kann nicht entgegengehalten werden, daß die gegenwärtige Situation sich von dieser Willensrichtung entfernt habe, zu Unrecht führt Günther Holstein in einem Rechtsgutachten [1]) aus, daß die Interpretation des Art. 153 nicht dauernd durch die Rechtslage des Jahres 1919 bestimmt werden könne, sondern daß die folgende Epoche wissenschaftlicher Arbeit und verantwortungsbewußter Rechtsprechung berücksichtigt werden müsse. Solange die Weimarer Reichsverfassung besteht, muß ihr Wille, der allerdings durch die Verhältnisse des Jahres 1919 maßgebend beeinflußt ist, die Auslegung bestimmen. Aufgabe der Wissenschaft und Rechtsprechung muß es sein, diesem Willen zur Geltung zu verhelfen, anstatt durch Berücksichtigung angeblicher Entwicklungstendenzen den objektiven Willen der Verfassung zu durchkreuzen. Für die Gesamttendenzen der Verfassung auf dem Gebiete der Wirtschafts- und Sozialpolitik ist ein wertvoller Fingerzeig allein schon die Tatsache, daß die Regelung der Wirtschafts- und Sozialpolitik in einem besonderen Titel mit der Überschrift »Das Wirtschaftsleben« stattgefunden hat [2]). Der liberale Rechtsstaat des 19. Jahrhunderts hätte den Gedanken, den Gesamt-

[1]) Fideikommißauflösung und Reichsverfassung, Berlin 1930, S. 5.

[2]) Vgl. auch die Verfassungen Litauens Abschn. II und Jugoslaviens Titel 3.

komplex des Wirtschaftslebens nach der aktiven Seite hin in den Bereich seiner Erörterungen zu ziehen, weit von sich gewiesen; eine privatkapitalistische Wirtschaftsordnung hat keinen Platz für eine Regelung des Gesamtablaufs des Wirtschaftsprozesses unter übergeordneten Gesichtspunkten; die ihr höchstens gemäße Regelung, die sich mit zunehmender Herausarbeitung hochkapitalistischer Formen als notwendig erweist, bleibt reine Verkehrsregelung zwischen Privatpersonen, etwa in der Art, wie sich die bisherige Praxis der Kartellverordnung ausgewirkt hat. Hier werden private Streitigkeiten entschieden, aber der dabei waltende höhere Gesichtspunkt ist höchstens der, den gesicherten Ablauf der vorhandenen Wirtschaftsordnung im Interesse aller aufrechtzuerhalten. Diese liberale Rechtsstaatsordnung auch nur mit den sich aus dem Hochkapitalismus ergebenden notwendigen Modifikationen in die neue Verfassungsordnung zu übernehmen, ist in Weimar abgelehnt worden. Die Stützen der kapitalistischen Wirtschaftsordnung: Vertragsfreiheit, Privateigentum und Erbrecht haben ihre bisherigen Unnahbarkeit aufgeben müssen. Von Rechten, die dem Staat starr und unabänderlich gegenüberständen, kann keine Rede mehr sein. Sie sind noch vorhanden, und ihre Abschaffung darf auch nicht dekretiert werden; aber das Maß ihrer Wirkungskraft ist eingespannt in den Willen des Gesetzgebers [1]). Auf der anderen Seite hat die Verfassung aber Satzungen aufgestellt, die der Gesetzgeber in jeder Situation nicht nur nicht vernichten darf, sondern die er positiv berücksichtigen muß: Koalitionsfreiheit, Schutz der Arbeitskraft und die Räteorganisation des Artikels 165 sind im Verfassungssystem nicht relativiert, ihre Existenz wird ohne Ermessensklausel für den Gesetzgeber als ein Stück Verfassungswirklichkeit betrachtet. Wie sehr die hierin zum Ausdruck kommende Einschätzung der einzelnen Gestaltungskräfte der Verfassung nicht als Stückwerk, sondern als Gesamtkomplex zu betrachten ist, zeigen die Ausführungen Friedrich Naumanns [2]) im Verfassungsausschuß der Nationalversammlung. Bei aller Skepsis, die der juristischen Gestaltungskraft Naumanns entgegengebracht worden ist und werden muß, zeigen seine Ausführungen

---

[1]) Daß in der Rechtsprechung mancher Gerichte, so insbesondere des Reichsfinanzhofs, dies nicht anerkannt wird, ist kein Gegenbeweis, sondern zeigt nur die Stärke der über individualistische Beweisführung anerkannten kapitalistischen Tendenzen.

[2]) S. Protokolle des Verfassungsausschusses S. 177ff. und über die Bedeutung Naumanns Smend in »Verfassung und Verfassungsrecht« 1928 S. 166.

doch deutlich, wieweit gerade die Wirtschaftsordnung sich von der Vergangenheit abheben sollte. Ausdrücklich hat Naumann die Fragestellung: »was kann der Staat oder darf der Staat dem Einzelnen nicht tun, und was tun wir als Einzelne, weil der Staat aus uns, den Einzelnen, besteht?« verneint und sich dazu bekannt, daß der »Verbandsmensch der Normalmensch der Gegenwart« sei. Für diesen kollektivierten Menschen, der im Rahmen fester ökonomischer Bindungen lebt und tätig ist, muß die neue Verfassung nicht nur grundsätzlich Freiheiten im alten Sinn, wie etwa Freiheit von Beschränkungen des Koalitionsrecht, enthalten, sie muß auch positiv seiner Tätigkeit Raum geben, ihre Wirkkraft nicht nur anerkennen, sondern fördern. Naumann hat erkannt, daß die Lösung dieser Frage für die Verfassung selbst Tod oder Leben bedeutet. Über die Frage, wieweit die in dem Wirtschaftsabschnitt der Grundrechte zusammengefaßten Bestimmungen miteinander harmonieren, wieweit sie sich gegenseitig ergänzen oder aufheben, ist schon bei Abfassung der Verfassung mit mehr Skepsis als Hoffnung diskutiert worden. Je mehr die wirtschaftliche und politische Entwicklung der letzten 10 Jahre, die schon im Verfassungswerk selbst widerstreitenden Interessen auseinanderbrachte, desto mehr trat an Stelle der Betonung der gemeinschaftsbindenden Faktoren der Überordnung der sozialen Motivation das angeblich garantierte Einzelinteresse.

Es ist kein Zufall, daß gerade in diesem Zusammenhang der Begriff des bürgerlichen Rechtsstaats zu neuem Leben erwachte, daß man versuchte, ihm die alten Wege des vorigen Jahrhunderts mit unter verschiedenem politischen Inhalt gleichgebliebenen und noch verstärkten wirtschaftlichen Tendenzen zu weisen. Bis in den Anfang des Jahrhunderts hinein hat sich der Rechtsstaatsgedanke in Deutschland immer mehr formalisiert und von jedem konkreten Inhalt entleert [1]). Die formalen Bestandteile des rechtsstaatlichen Denkens, wie sie Montesquieu formulierte, Gewaltenteilungslehre deckten sich noch weit hinein ins 19. Jahrhundert mit dem politischen Programm des Bürgertums. Je mehr sich auch in der konstitutionellen Monarchie dieses politische Programm erfüllte, desto geringer wurde die inhaltliche Bedeutung des Rechtsstaatsgedankens. Schon bei Gneist erscheint er in abgeschwächter Form, und das bei ihm zu konkretem Ausdruck gelangende Verlangen des Bürgertums [2]) nach

---

[1]) Heller, Rechtsstaat oder Diktatur, Tübingen 1929.

[2]) S. die Ausführungen Carl Schmitts in der Verfassungslehre S. 125 ff.

Ämterbeteiligung und Selbstverwaltung zeigte, wie wenig im Grunde dem Bürgertum zu fordern übrig blieb. Kraftvolle Formen besitzt rechtsstaatliches Verlangen aber nur dann, wenn hinter dem formal-juristischen Programm Sicherungsforderungen einer wirtschaftlich aufstrebenden Klasse sich bergen. Als im Anfang des 20. Jahrhunderts das deutsche Bürgertum schon viel zu sehr die aufstrebende Arbeiterklasse fürchtete, als daß es an die konstitutionelle Monarchie noch große Forderungen stellen konnte, war demgemäß sein rechtsstaatliches Programm inhaltslos geworden. Dies wird klar, wenn wir heute rückblickend die Ausführungen Richard Thomas [1]) aus dem Jahre 1910 betrachten. Damals stellte er als Programmpunkte des Rechtsstaats folgendes auf: »Erstens Omnipotenz des Gesetzes, aber nur des Gesetzes, Bindung der Verwaltung an das Gesetz. Zweitens justizmäßige Haftung von Staat und Beamten für schuldhafte Übertretung der gesetzlichen Schranken. Drittens Sicherung gegen falsche und parteiische Handhabung von Gesetzen durch Verwaltungsorgane und unabhängige Behörden. Viertens Begründung eines öffentlichen Rechts durch fortschreitende juristische Formung der bisher allzusehr nur politisch und verwaltungstechnisch geformten Gesetzgebung.« Hier beruht das Kriterium des Rechtsstaats nur in der Form, in welcher die Staatsmacht betätigt wird. Das heute so oft meistens unnütz aufgeworfene Thema der Grenzen der Gesetzgebungsgewalt als rechtsstaatliches Problem wird nur in einer Anmerkung behandelt und aus dem Gebiet des Rechts in das der Moral verwiesen. Den formellen Erfordernissen des Rechtsstaats gegenüber ist die Weimarer Verfassung durchaus positiv eingestellt. Sie hat die justizmäßige Haftung des Staates, soweit sie noch nicht vorhanden war, verwirklicht, den Rechtsschutz gegen Verwaltungsmaßnahmen erweitert und nachdrücklich die Bahn zu dessen voller Verwirklichung (Reichsverwaltungsgericht, Generalklausel) gewiesen. Bleibt die Frage, wieweit die Weimarer Reichsverfassung ausdrücklich oder aus ihrem Gesamtzusammenhang heraus die formal-rechtsstaatlichen Bedingungen für neue materielle politische Zwecke zur Verfügung stellt. Augenscheinlich kann sie ihrer ganzen politischen Tendenz nach dies nur für die aufsteigende Arbeiterklasse wollen, indem sie den rechtsstaatlichen Apparat, den sie bisher den Einzelnen zur Verfügung

---

[1]) In »Rechtsstaatsidee und Verwaltungsrechtswissenschaft» Jahrb. f. öff. R. 1910. Ein später Anhänger dieser rein formal gedachten Rechtsstaatstheorie ist Mirkine Guetzewitsch in Zeitschr. f. öff. Recht VIII 1929, S. 187.

stellte, nunmehr zum Ausgleich der widerstreitenden Sozialinteressen benutzt. Freilich mag hier fraglich sein, wieweit überhaupt die Figur des Rechtsstaats als »sozialer Rechtsstaat« in dem Emanzipationsprozeß der Arbeiterschaft dieselbe Rolle einnehmen kann, die er in dem Emanzipationsprozeß des Bürgertums gegenüber dem absoluten Staat gespielt hat, wieweit die Balancen, die dem doch immer nur aus Einzelindividuen bestehenden Bürgertum zur Verfügung standen, in das Zeitalter der großen Klassenorganisation übertragen werden können. Teilweise ist dies geschehen und haben die auf Grund der dem Emanzipationskampf der Arbeiterschaft dienenden Bestimmungen der Reichsverfassung eingesetzten Organe (Schlichter, Arbeitsgerichte) solche Funktionen übernommen. Ein abschließendes Urteil über diesen neuen Gestaltwandel des Rechtsstaats kann heute noch nicht abgegeben werden.

Neben dieser nach vorwärts tendierenden Funktion des Rechtsstaats, die zweifelsohne im Sinn der Verfassung liegt, haben sich aber im Laufe der letzten 10 Jahre rückläufige Tendenzen entwickelt, die aus der Weimarer Verfassung ein Bollwerk des alten bürgerlichen Rechtsstaats machen wollen. Mittelpunkt dieser neuen rückläufigen Tendenzen sind der Artikel 109 und 153 der Reichsverfassung geworden, deren Verletzung von jeder in ihrem status quo bedrohten Interessentengruppe meistens gemeinsam vorgeschützt wird. Theoretischen Niederschlag haben diese Tendenzen in dem zahllosen Schrifttum zum Aufwertungsgesetz und überhaupt in der mittelständlerischen Beurteilung der modernen Sozialgesetzgebung, neuerdings aber hauptsächlich in dem Buch Hermann Isays: Rechtsnorm und Entscheidung [1]) und in dem für diese Entwicklung symptomatischen Buch Darmstaedters über die Grenzen der Wirksamkeit des Rechtsstaats [2]) gefunden. Dabei müssen dann gerade die Grundrechte notwendig aus der Ebene des vergangenen bürgerlichen Rechtsstaats betrachtet werden. Soweit die allzu späte Renaissance des bürgerlichen Rechtsstaats, die allerdings keine Angriffs-, sondern nur mehr eine Verteidigungsstellung bezieht, sich auf den Artikel 109 beruft, hat sie ihre Position schlecht gewählt. Zwar ist ihr insofern Recht zu geben, als in einem so durchaus wertenden Verfassungssystem wie dem Weimarer der Satz: »Alle Deutschen sind vor dem Gesetze gleich«, nicht nur die heute selbstverständliche

[1]) Berlin 1929.
[2]) Heidelberg 1930.

Bedeutung haben kann, daß Justiz und Verwaltung alle ohne Unterschied gleich behandeln muß. Aber es liegt nicht im Sinn der Weimarer Verfassung, wenn nunmehr im Namen der Gerechtigkeit Gesetze, die scheinbar eine Belastung einer wirtschaftlich stärkeren Klasse sind, als Willkür verworfen werden. Gerade diese scheinbare Ungerechtigkeit erfüllt die Gerechtigkeitsforderung, die dem sozialen System der Weimarer Verfassung innewohnt. Gerade dann, wenn Gleichheit als materialer Wertbegriff zu fassen ist, muß erkannt werden, daß der Satz der Gleichheit vor dem Gesetz solange ein papiernes Recht sein wird, als nicht die soziale Gleichheit erst die Voraussetzungen dafür schafft, daß die gleiche Anwendung eines Gesetzes auf alle auch wirklich alle gleich betrifft. Im Vollzug der Geschichte durchläuft der Gleichheitssatz verschiedene Stadien. Der Bürger faßt Gleichheit im 17. und 18. Jahrhundert als einfache Rechtsgleichheit. Wenn er dem Adel die Privilegien und Vorrechte fortnimmt, dann ist er seinesgleichen, da er im ökonomischen Kampf ihm sehr wohl standhalten kann. Dem Arbeiter im 20. Jahrhundert kann diese Rechtsgleichheit nicht genügen, da er trotz ihrer mit dem Bürger nicht in Wettbewerb treten kann und die Gleichheit vor dem Gesetz solange für ihn unwirksam bleibt, wie die Gleichheit vor dem Gesetz nicht zur gleichen Chance vor dem Gesetz führt, wie dies Laski [1]) an dem Beispiel der Vertretung des Nichtbesitzenden vor Gericht ausführlich und anschaulich erläutert. Die Art aber, wie heute mehrfach von der Theorie [2]) der Satz der Gleichheit vor dem Gesetz materiell ausgelegt wird, bedeutet nichts als einen Versuch, den gegenwärtigen ökonomischen status quo zu garantieren, indem man jede Gesetzgebung zugunsten der arbeitenden Klasse für unwirksam erklären kann. Hier wird der Satz der Gleichheit in sein Gegenteil verkehrt, weil man nicht verstehen will, daß die hiermit scheinbar geschaffene Ungleichheit nur der Durchgangspunkt zur endgültigen, der sozialen Gleichheit ist. Im Namen des Rechtsstaates wird hier

---

[1]) A Grammar of Politics S. 565.

[2]) Hier sind hauptsächlich die Arbeiten von Triepel: »Goldbilanzenverordnung und Vorzugsaktien« und Leibholz: »Die Gleichheit vor dem Gesetz«, 1925 zu erwähnen. Vorsichtig und vernünftig abwägend Hippel, Archiv für öffentliches Recht NF. 10 und Max Rümelin: »Die Gleichheit vor dem Gesetz«, Tübingen 1928. Auch das deutsche Reichsgericht sowie der Staatsgerichtshof haben sich, obwohl die Parteien sich unzählige Male auf die Triepel-Leibholzschen Argumentationen berufen haben, sehr zurückgehalten. S. hauptsächlich die unter anderen Gesichtspunkten noch näher zu behandelnden Aufwertungsentscheidungen, RG. Bd. III, S. 329. Neuestens auch RG. Bd. 128, S. 169.

oft aufgetreten, wobei man immer übersieht, daß der Rechtsstaat charakteristischerweise gerade hier seine Grenzen besitzt. Der Rechtsstaat kann gewisse äußere Formen schaffen und sie Einzelnen oder einzelnen Bevölkerungsklassen zum guten wie zum bösen zur Verfügung stellen, darüber hinaus vermag er nichts. Er kann zum Beispiel erreichen, daß dem Sohn des reichen Mannes, wenn er dreimal mit seinem Kraftfahrzeug mit der Polizei und der öffentlichen Verkehrsordnung in Konflikt geraten ist, das Führerzeugnis genau so entzogen wird wie dem Chauffeur, der vier Kinder hat. Daß der eine sein Vergnügen, der andere seinen Lebensunterhalt verliert, das ist dem Recht gegenüber irrelevant. Der Rechtsstaat endet dort und läßt voraussetzungsgemäß ewig unvollkommen dort, wo die soziale Gleichheit beginnen muß. Indem man den Satz der Gleichheit zurücknimmt in die verflossene Welt der bürgerlich-rechtsstaatlichen Ordnung, verbietet man im Namen der Gleichheit sie selbst.

III. Die Enteignung nach der Reichsverfassung.

Der Artikel 153 der Reichsverfassung verdankt seine Einzelausgestaltung ebenso sehr verfassungsrechtlichen Reminiszenzen aus dem vergangenen Jahrhundert, wie den sozialen Bedürfnissen der Neuzeit. Damit hat der Eigentumsartikel die Einheitlichkeit seiner Bedeutung, die in der Zuordnung zu einem bestimmten Wirtschaftssystem besteht, verloren. Der Artikel 153 der Reichsverfassung kann ebensowenig wie der Artikel 37 der Verfassung des Königreichs der Serben, Kroaten und Slowenen und wie der Paragraph 109 der Verfassung der tschechoslowakischen Republik eindeutig als Ausdruck und Manifestation einer kapitalistischen Wirtschaftsordnung bezeichnet werden. In allen diesen Verfassungen wird die reine Garantiefunktion des Staates gegenüber dem Eigentum beseitigt und die Zulässigkeit einer gesetzlichen Einwirkung auf den Eigentumsbereich als Regel, nicht als Ausnahmefall sanktioniert. Wenn die deutsche Reichsverfassung im Absatz 1 des Art. 153 den Satz: »das Eigentum wird von der Verfassung gewährleistet« zusammenstellt mit der Feststellung, daß »sein Inhalt und seine Schranken sich aus den Gesetzen ergeben«, so läßt dies den Schluß zu, daß von einer Unverletzbarkeit des Eigentums — etwa im Sinn des Artikels 9 der preußischen Verfassung von 1850 — nicht mehr die Rede sein kann. Die Zusammenstellung von Gewährleistung und Gesetzesvorbehalt schafft offenbar für das Privateigentum eine neue Abgrenzung, die den früheren Verfassungen fremd war. Die Unverletzlichkeit des Eigentums im 19. Jahrhundert bezog sich gleichmäßig auf Staat und Nachbar. Hieran änderte die theoretische Zulässigkeit von Gesetzeseingriffen in das Eigentum nichts; sie war Ausdruck parlamentarisch-konstitutioneller Vorstellungen, die ihre Front gegen die Verwaltung richteten. Die Weimarer Verfassung hingegen unterscheidet die Position des einen Eigentümers gegenüber dem anderen Eigentümer von der Position des Eigentums überhaupt gegenüber dem Staat. Deutlich tritt dies in einem Vorläufer der Reichsverfassung, dem Aufruf des Rates der Volksbeauftragten an das deutsche Volk vom 12. November 1918 hervor. Dort heißt es: »Die Regierung wird die geordnete Produktion aufrecht erhalten, das Eigentum gegen Eingriffe Privater sowie die Freiheit und Sicherheit der Person schützen« [1]). Hier ist der Ort, wo die Lehre von der Schwäche des Eigentums gegenüber der öffentlichen Gewalt, die Otto Mayer nur für ein begrenztes Gebiet gesetzesfreier Eingriffe vertrat, ihren systematischen Platz hat. Die Verfassung garantiert das Eigentum gegenüber dem Staat nur in ganz beschränktem Umfang. Sie bestimmt, daß es immer eine Institution geben muß, die den Namen Eigentum verdient, wie sich logischerweise aus dem Satz 2 des Abs. 1 ergibt; denn von Inhalt und Schranken kann nur dann gesprochen werden, wenn etwas vorhanden ist, dem ein Inhalt gegeben und dem Schranken gesetzt werden können. Insoweit kann man also von einer institutionellen Garantie sprechen [2]). Über den Umfang des Privateigentums wird dadurch nichts weiter ausgesagt, als daß

[1]) Eigentumsschutz beschränkt auf Abgrenzung gegenüber dem anderen Privaten vertritt ebenfalls Laros in «Eigentum und arbeitsloses Einkommen», Hochland November 1929.

[2]) Carl Schmitt, Verfassungslehre, S. 164, 172. Doch ist gerade an dieser Stelle die Bedeutung der institutionellen Garantie äußerst gering. Auch der Wortlaut des Satz 1: »Das Eigentum wird von der Verfassung gewährleistet« sagt über eine etwaige besondere Schutzwürdigkeit des Eigentums — etwa im Sinn der Formulierung des Art. 119 der Reichsverfassung, der die Ehe unter den besonderen Schutz der Verfassung stellt — nichts aus. Dies zeigt schon der nächste Satz des Art. 153, der, nachdem gerade erst von der Verfassung die Rede war, den Inhalt des Eigentums dem Gesetz zur Regelung überläßt. Die institutionelle Garantie hat eben in jeder einzelnen Materie verschiedenen Wirkungsgrad. Bei Art. 129 RV. z. B. bedeutet die Garantie des Berufsbeamtentums als solche einen sehr wirksamen Schutz; denn hier war Bestehen oder Nichtbestehen der Institution selbst das letztlich entscheidende. Dagegen bedeutet die institutionelle Garantie des Abs. 1 Satz 1 des Art. 153 äußerst wenig, weil es hier nicht auf die Garantie selbst, sondern

jedenfalls immer ein Minimum von Eigentum bestehen muß; die nähere Bestimmung behält Satz 2 dem Gesetzgeber vor[1]). Es ist verfehlt, diese nähere Bestimmung dadurch bagatellisieren zu wollen, daß man die Schranken des Eigentums etwa im individualistischen Sinn des Allgemeinen Landrechts auffaßt. Wenn es dort heißt: »Jeder Gebrauch des Eigentums ist daher erlaubt, durch welchen weder wohlerworbene Rechte eines andern gekränkt, noch die in den Gesetzen des Staates vorgeschriebenen Schranken überschritten werden«[2]), so bedeutet dies dort das notwendige Opfer einer äußeren Verkehrsregelung, das dem sonst freien Eigentümer zugemutet wird. Im Systemzusammenhang der Weimarer Verfassung sind Schranken keine einem kapitalistischen Wirtschaftssystem immanente Grenze, es sind Wertsetzungen, die der Staat auch aus nichtkapitalistischen Motivationen heraus dem Eigentum aufzuzwingen berechtigt ist, wie dies der Art. 155 und 156 der Reichsverfassung verdeutlicht. Auch die Bestimmung des Inhalts des Eigentums hat hier keinen rein zivil- oder prozeßrechtlichen Sinn. Die Selbstverständlichkeit, daß für die technische Verkehrs- und Gebrauchsregelung der Staat normgebend ist, war niemals bestritten. Inhaltsbestimmung des Eigentums heißt vielmehr Recht des Staates zur positiven Normierung des Eigentums-Machtbereiches. Die Verfassung selbst wollte noch weiter gehen. Im Absatz 3, wo es heißt: »Eigentum verpflichtet. Sein Gebrauch soll zugleich Dienst sein für das Gemeine Beste«, ist der Versuch unternommen, auch die Sphäre, die das Gesetz dem Eigen-

---

auf ihren Umfang ankommt. Der mögliche Inhalt des Eigentums aber unterliegt der Bestimmung des Gesetzgebers.

[1]) Schelcher a. a. O. S. 347 stützt sich für die nunmehr auch von ihm übernommene vollkommene Ausweitung des Enteignungsbegriffes (s. insbesondere S. 325 Anm. 4, S. 336, 348) darauf, daß die in den Umfang der Herrschaftsbefugnis des Eigentümers eingreifenden Gesetze im Sinne des Art. 153 Abs. 1 Satz 2 gegenüber der grundsätzlichen Gewährleistung des Eigentums durch Satz 1 immer noch die Substanz der im Eigentum des einzelnen (vom Verfasser gesperrt) stehenden Sachen unberührt lassen müssen. Selbst wenn man darüber hinwegsieht, daß bei den hieraus gezogenen Folgerungen, jeder Eingriff dürfe sich nur als eine Beschränkung der Verfügungsfreiheit, nicht als eine Entziehung oder Verminderung des Objekts selbst darstellen, ungeklärt bleibt, ob Objekt hier im körperlichen Sinn gemeint ist oder auch den innewohnenden Wert mit umfaßt, kann Schelcher für diese Ansicht sich letztlich nur auf die angeblich rechtspolitische Notwendigkeit dieser Stellungnahme stützen. Beachtlich ist dabei, daß Schelcher damit selbst das tut, was er früher in seinen Ausführungen in Zeitschr. f. Verwaltung Bd. 60 an den Argumentationen Martin Wolffs scharf gerügt hat.

[2]) Allgemeines Landrecht I. Teil, 8. Titel § 26.

tümer zur freien Verfügung überläßt, zu beeinflussen. Dem Eigentümer wird hier eine bestimmte Willensrichtung in bezug auf den Zweck, der mit dem Eigentumsgebrauch verbunden sein soll, nahe gebracht; auffällig ist der Widerspruch, in dem dies zur gesamten liberalen Wirtschaftsordnung und ihrer Eigentumsauffassung steht. Wenn das liberale Wirtschaftssystem in der wirksamsten Ausnutzung des Eigentums im privaten Einzelinteresse die Garantie für die Harmonie der menschlichen Gesellschaft gesehen hat, so entsprach dem vollkommen die in den Gesetzbüchern des 19. Jahrhunderts niedergelegte Eigentumsdefinition, die das Eigentum als absolutes und unumschränktes Herrschaftsrecht bezeichnet. Diese Auffassung gibt die Weimarer Verfassung auf, wenn sie den Eigentümer anleitet, bei der Eigentumsbenutzung auf einen Enderfolg acht zu haben, der nicht nur außerhalb seines persönlichen Interessenkreises liegt, sondern sogar mit diesem in Widerspruch stehen kann. Es wäre falsch, aus dem Absatz 3 abzuleiten, daß die Verfassung einen absoluten Eigentumsbegriff mit einem relativen vertauscht habe, aus dem Sinngehalt dieser Bestimmung eine andere, etwa die soziale Eigentumsauffassung herauszudestillieren. Dies tun heißt, einen vorhandenen Gegensatz beseitigen, anstatt ihn aufzuzeigen [1]). Solange es eine Kategorie Eigentum gibt, bedeutet Eigentum ein absolutes Herrschaftsrecht, absolut allerdings nur in der Sphäre des Privatrechts und unterworfen der Souveränität des Staates [2]) und damit der gesetzgebenden Körperschaft. Was heißt soziale Eigentumsauffassung? Wenn der Staat der Privateigentumsinstitution Grenzen setzt, so daß die ökonomischen und politischen Wirkungen der Herrschaft des Privateigentums teilweise aufgehoben werden, so hat das nichts mit einer sozialen Eigentumsauffassung zu tun; die soziale Auffassung richtet sich vielmehr gegen das Eigentum. Glaubt man aber, daß dem Eigentum selbst eine soziale Pflicht, eine soziale Auffassung immanent sei, so steht dies im Widerspruch zum juristischen Charakter der Eigentumsinstitution. Ihr Absolutheitscharakter wird auch durch Absatz 3 des Artikels 153 nicht berührt, aufgezeigt wird

---

[1]) Dagegen auch Laros a. a. O. Die verfehlte Argumentation mit Abs. 3 des Art. 153 scheint sich jedoch in Rechtswissenschaft und Rechtsprechung einzubürgern. Den Anfang damit gemacht hat wohl Martin Wolff: Reichsverfassung und Eigentum, in der Festgabe der Berliner Juristenfakultät für Wilhelm Kahl, Berlin 23.

[2]) Dazu s. Renner: Die Rechtsinstitute des Privatrechts, Tübingen 1929, S. 8.

aber dort, im Eigentumsartikel selbst, daß die Verfassung die liberale Eigentumsauffassung nicht mehr beibehält. Diese Verschiebung des Wertakzentes ist das Entscheidende. Der Absolutheit des Eigentums als juristischer Institution trat im Zeitalter des Liberalismus die ethische Rechtfertigung zur Seite, die bewirkte, daß die technische Allmacht des Instituts mit dessen sozial beherrschender Funktion zusammenwuchs. In der Beseitigung dieser Verknüpfung, wie sie in der Weimarer Verfassung mit bewußter Deutlichkeit vorgenommen und ihr nicht nur in Absatz 1 und 3 des Art. 153 Ausdruck verliehen wurde, liegt das grundsätzliche Anderssein des Eigentumsartikels von 1919 gegenüber dem vom 1791 beschlossen.

Die Enteignungsbestimmung des Absatz 2 des Artikel 153 hat ihre frühere Bedeutung, Garant der Unverletzlichkeit des Eigentums zu sein, aus doppeltem Grund eingebüßt. Einmal ist es das Verhältnis von Eigentumsgarantie und Enteignung selbst, das sich geändert hat. Absatz 1 des Art. 153 hat die absolute und generelle Eigentumsgarantie aufgehoben. Nach ihrer Beseitigung kann der Enteignung als Normierung des individuellen Eigentumseingriffes keine prinzipielle Bedeutung mehr innewohnen. Aus ihrem früheren Charakter als Eigentumsgarant wird sie verdrängt und sinkt zu einer technisch-organisatorischen Bedeutung herab. Sie wird damit eine bloße Ausführungsbestimmung zu Absatz 1, indem sie Inhalt und Schranken des Eigentums für ein bestimmtes Gebiet genau bezeichnet. Enteignung ist ein Unterfall der nach Absatz 1 zulässigen Eigentumsbeschränkung. Ihre relative Selbständigkeit verdankt die Enteignung nicht prinzipiellen Erwägungen, sondern der engen Anlehnung an historische Vorbilder. Da man unter Enteignung in der alten Terminologie diffuse, okkasionelle Eingriffe ungleichmäßiger Art in das Privateigentum verstand, wurde auch in der Weimarer Verfassung an dieser Stelle die Entschädigungsfrage ausdrücklich geregelt. Im Artikel 156 wird der planmäßige Eingriff in Privateigentum als Überführung in Gemeineigentum bezeichnet und die Enteignungsbestimmungen nur als sinngemäß anwendbar erklärt [1]); als Enteignung werden diese Akte also nicht betrachtet. Daß die Enteignung als juristischer Begriff

[1]) Die Heranziehung des Art. 156 zur Interpretation des Art. 153 kann man nicht damit ablehnen (Furler im Verwaltungsarchiv Bd. 33, S. 399), daß es sich dort um ganz spezielle, zur Zeit der Entstehung der RV. besonders aktuelle Fragen handelt. Wer so verfährt, versperrt sich selbst den Weg zum Begreifen des Funktionswandels der Eigentumsschutzformeln. Denn gerade diese »aktuellen Fragen« versinnbildlichen diesen Wandel.

von der Reichsverfassung als gegeben vorausgesetzt wurde, zeigt auch der Artikel 7 Nr. 12, in dem dem Reich die konkurrierende Gesetzgebung über das Enteignungsrecht zugesprochen wird. Aber auch die individuelle Eigentumsgarantie des Absatz 2 wurde noch in sich abgeschwächt dadurch, daß man die angemessene Entschädigung durch ein Reichsgesetz für ausschließbar erklärte. Damit durchbricht die Verfassung auch die individuelle Eigentumsgarantie und betont nochmals, daß der Enteignung nicht mehr ihr früherer Ergänzungscharakter im Verhältnis zur Eigentumsgarantie zukommt, sondern daß sie lediglich ein Unterfall des allgemein ausgesprochenen Grundsatzes ist: dem Gesetzgeber gegenüber kann sich der Eigentümer nicht auf die Eigentumsgarantie berufen.

Die Weimarer Verfassung hat somit in ihrem Eigentumsartikel ebenso wie in den anderen wirtschaftlichen Bestimmungen die Kategorien des bürgerlichen Verfassungsschemas aufgelöst. Sie hat nicht ganz auf sie Verzicht geleistet und sich auch nicht positiv zu einer anderen Wirtschaftsverfassung bekannt; aber selbst diejenigen unter den Verfassungsgesetzgebern, die den Sozialismus als System ablehnten, dachten zum Teil, daß eine andere Wertung und Gesinnung — wie sie etwa der hier besprochene Absatz 3 des Art. 153 zum Ausdruck bringt — die vergangenen Zielsetzungen des 19. Jahrhunderts mit den neuen Tendenzen zu einer sinnvollen Einheit verbinden könnte. Die Zeit, die der Errichtung der Weimarer Verfassung folgte, brachte Veränderungen im politischen Kräfteverhältnis mit sich. Die Auflockerung des Eigentumsartikels, der wie überhaupt die wirtschaftlichen Bestimmungen der Weimarer Verfassung bereitwillig neuem Sozialdenken Raum gab, begegnete bei ihrer praktischen Durchführung in Rechtslehre und Rechtsprechung erheblichem Widerstand. Mit zunehmender Schärfe tritt uns die Tendenz entgegen, aus Art. 153 einen Sinn heraus zu kristallisieren, der den dort ausgesprochenen Tendenzen entgegengesetzt ist. Dabei ist man nicht nur davon ausgegangen, das Privateigentum faktisch schützen zu wollen, sondern man hat sogar die Behauptung gewagt, eine intensiv privateigentumschützende Auslegung dieser Bestimmung entspreche dem Willen des Verfassungsgesetzgebers [1]). Daß Interessentenkreise

[1]) Anschütz: Die Verfassung des Deutschen Reichs, 12. Aufl. zu Art. 153. Die gleiche Tendenz spricht unverhohlen trotz abweichender Rechtskonstruktion aus Hofacker: Grundrechte und Grundpflichten der Deutschen, Stuttgart 1926. Inzwischen hat Hofacker seine Ansichten teilweise geändert. Seine neuen Ausführungen in »Der Einzelne und die Gesamtheit«, Stuttgart 1930, enthalten

ein solches Bedürfnis empfinden, ist sicher; uns dünkt es aber sehr schwer, derartige Tendenzen aus der Verfassung herauszulesen; denn wenn man die Weimarer Verfassung und die gleichzeitig entstandenen europäischen Verfassungen betrachtet, wird man überall ein vermindertes Maß von Eigentumsschutz, gemessen an den Verfassungen des 19. Jahrhunderts, erblicken [1]. Beweise für jene angeblichen Verfassungstendenzen zugunsten einer möglichst weiten Ausdehnung des Begriffes der entschädigungspflichtigen Enteignung werden deshalb auch kaum angeführt. Anschütz beruft sich für seine Verfassungsauslegung auf die Reden des damaligen Abgeordneten Heinze, die bewirkt hätten, daß der Artikel 153 seine endgültige Fassung erhielt. Daran ist nur soviel richtig, daß auf Veranlassung des Abgeordneten Heinze der Satz, daß wegen der Höhe der Entschädigung der Rechtsweg bei den ordentlichen Gerichten offen zu halten sei, in die Verfassung aufgenommen wurde, freilich auch hier mit der entscheidenden Klausel, »soweit Reichsgesetze nichts anderes bestimmen«. Damit sagt die Verfassung nichts weiter, als was bei individuellen Eingriffen meist schon Übung war. Die Anschützschen Schlüsse aus den Heinzeschen Reden sind insofern verfehlt, als Heinze sich nur damit beschäftigte, welche Rechtsbehelfe dem Einzelnen gegeben sein sollten, falls eine Enteignung vorliege. Damit ist aber gar nichts darüber ausgesagt, in welchen Fällen eine Enteignung vorliegt. Bezeichnenderweise hat Anschütz es unterlassen, in diesem Zusammenhang auf das entscheidende Referat des Berichterstatters Sinzheimer im Verfassungsausschuß der Nationalversammlung [2]) einzugehen, aus dem gerade das Gegenteil zu schließen ist. Auch Martin Wolff: Reichsverfassung und Eigentum geht ganz unverhohlen von solchen Voraussetzungen aus. Unübertrefflich klar wird diese Tendenz dort, wo sie sich den juristischen Beweis spart

viele richtige Feststellungen und Beobachtungen, ohne doch prinzipiell von verwaltungspolitischen Gesichtspunkten zu den staatsrechtlichen Grundfragen durchzudringen.

[1]) Sehr bezeichnend in dieser Hinsicht ist die tschechoslowakische Verfassung, die sich überhaupt nicht über Eigentumsgarantien ausspricht, sondern in ihrem § 109 mit dem Satz beginnt: »Das Gesetz allein kann das Privateigentum beschränken.«

[2]) Dort heißt es: »Dieser Gedanke besagt, daß die wirtschaftliche Freiheit des Einzelnen nicht Selbstzweck, kein selbständiges Gut für sich ist, sondern daß die wirtschaftliche Freiheit des Einzelnen nur insoweit im Wirtschaftsleben gelten soll, als diese Freiheit eine soziale Funktion erfüllt. Von diesem Grundgedanken aus ist der gesamte Rechtsstoff behandelt.« S. 1784 des Berichts des Verfassungsausschusses.

und zur Notwendigkeit und Begründung bestimmter Erweiterungen des Enteignungsbegriffes einfach die politischen Folgen anführt, die eintreten könnten, falls eine solche Erweiterung nicht stattfände [1]).

Hand in Hand mit dem Versuch, in den Eigentumsartikel der Weimarer Verfassung die seinem Sinn entgegengesetzten politischen Zielsetzungen hinein zu interpretieren, läuft der Versuch, Eingriffen des Staates angeblich in Art. 153 enthaltene Schranken entgegenzuhalten, die mindestens zu einer Entschädigung für die Eingriffe führen sollen. Man kann dabei verschiedene Wege einschlagen, um zu dem politisch gewünschten Ergebnis zu gelangen; das Ergebnis ist aber immer die Unzulässigkeit des Eingriffs oder dessen Entschädigungspflichtigkeit. Dabei kann man es zunächst mit der meisten Aussicht auf Erfolg mit der Erweiterung des Enteignungsbereiches versuchen. Zunächst kehrt man das ganze Verhältnis um, aus dem die Enteignung hervorgeht. War die Enteignung, wie wir im ersten Teil gezeigt haben, im ganzen 19. Jahrhundert der verwaltungsmäßige Eingriff in individuelle Rechte, so wird jetzt behauptet, daß die Enteignung auch durch Gesetz erfolgen könne. Es ist bezeichnend, daß für diese Behauptung niemals eine Rechtfertigung versucht, sondern daß sie immer als eine Tatsache behandelt worden ist; in Wahrheit kehrt sie aber das ganze Bild des Art. 153 um. Dort wird die gesetzliche Beschränkung des Eigentums ausdrücklich verfassungsrechtlich anerkannt. Diese Anerkennung versucht man rückgängig zu machen, indem man sagt, die Eigentumsgarantie bestünde auch gegenüber der Gesetzgebung. Dadurch legt man dem Gesetzgeber eine Pflicht zur Rechtfertigung auf, die ihm die Verfassung nicht vorschreibt; damit verwischt man endlich die Grenzen zwischen Abs. 1 und 2 des Art. 153 und schafft sich die bequeme Möglichkeit, jeden Eingriff als Enteignung zu bezeichnen. So bagatellisiert man den Satz 2 des Absatzes 1 und verwischt den Gegensatz zwischen Gesetz und individuellem Enteignungsakt. Erst aus dieser Verwirrung ist das Problem entstanden, wie sich die öffentlich-rechtliche Beschränkung von der Enteignung unterscheide und wo hier die positiven Grenzen zu ziehen

---

[1]) Dies tut Martin Wolff bei seiner Behauptung, daß die Begründung obligatorischer Pflichten zur Rechtsübertragung Enteignung sei. Zur Begründung dieser Behauptung heißt es dort: »Wäre es anders, so würde ein kommunistisch gerichteter Landesgesetzgeber in der Lage sein, auf einem Umweg durch entschädigungslose „Anforderung" die Grundeigentümer zur rechtsgeschäftlichen Übereignung an den Staat zu zwingen«. Über Schelchers frühere zutreffende Stellungnahme gegen Martin Wolff s. S. 37 Anm. 1.

seien, wie es sich der deutsche Juristentag von 1930 zur Aufgabe gestellt hat. Die Reichsverfassung kennt dieses Problem nicht; sie unterscheidet im Verfassungstext selbst zwischen Inhalt und Schranken des Eigentums, d. h. gesetzlichen Eigentumsbeschränkungen und der Enteignung auf Grund individuellen Verwaltungsakts. Die Enteignung wird hier klar als Unterfall der Beschränkung gekennzeichnet.

In Wahrheit findet der Satz, daß Enteignung auch durch Gesetz stattfinden könne, nur eine politische Rechtfertigung. Er ist der Ausdruck der veränderten parlamentarischen Machtverhältnisse in der Nachkriegszeit [1]). Da das Bürgertum fürchten muß, daß im Parlament heute eine seinen Privatinteressen feindliche Eigentumsgesetzgebung zustande kommt, wird die diesbezügliche Gesetzgebung einer neuen Instanz unterworfen, die dem Bürgertum günstiger schien. Im 19. Jahrhundert hat das Bürgertum den entgegengesetzten Standpunkt vertreten, da er ihm damals gegen den Absolutismus günstiger scheint. Heute wird der Richter angerufen und das Gesetz als verfassungswidrig bezeichnet. Damit ist jeder Interessentengruppe der Weg frei gegeben, die gesetzliche Regelung sozialer Tatbestände nicht als abschließende Willenskundgebung des Staates anzusehen. Man betrachtet das Gesetz nicht anders als einen Verwaltungsakt, der der richterlichen Kognition unterliegt. Man übersieht hierbei nur, daß dem Gesetz gegenüber nicht wie bei dem Verwaltungsakt ein juristischer Maßstab der Nachprüfung vorhanden ist. Die Behauptung der Verletzung erworbener Rechte gehört in das Gebiet der Politik, und indem man von der politischen Instanz, dem Reichstag, in einer politischen Frage die Berufung an ein Gericht zuläßt, macht man dieses selbst zu einer politischen Instanz. Die Reichsverfassung hat aber die erworbenen Rechte und ihre Eingliederung in den Staat in das Gebiet der Gesetzgebung verwiesen. Da sie eine demokratische

[1]) Ganz klar wird dieser Sachverhalt aus den Ausführungen Furlers a. a. O. S. 396. Der Verfasser schreibt dort: »Die ersten Vorkämpfer des rechtsstaatlichen Gedankens hatten eine liberal eingestellte, bei der Gesetzgebung entscheidend mitwirkende Volksvertretung vorausgesetzt und geglaubt, willkürliche Maßnahmen des Staates durch eine Bindung der Staatsgewalt an das Gesetz verhindern zu können.« Frappant ist nur, wie der Verfasser aus der richtig erkannten, durch die Weimarer Verfassung sanktionierten, diesen Voraussetzungen entgegengesetzten Entwicklung mit einem kühnen Sprung die Folge zieht: »Von dieser Schutztendenz des Art. 153 ausgehend, muß man zu dem Ergebnis gelangen, den Entschädigungsanspruch des Art. 153 überall da anzuerkennen, wo eine Entziehung oder Beeinträchtigung privater Vermögensrechte stattfindet.« Den Versuch einer entwicklungsgeschichtlichen Beweisführung hat der Verfasser gar nicht unternommen.

Verfassung ist, hat sie diese Verweisung nicht nur, wie Carl Schmitt [1]) meint, für generelle Beschränkungen des Eigentums vorgenommen, sie hat dem Gesetzgeber auch in der Setzung individueller Enteignungsakte freie Hand gelassen. Wenn die verfassungsmäßige Zulässigkeit individueller gesetzlicher Enteignungsakte damit bekämpft wird, daß man den generellen Charakter des Gesetzes als notwendiges rechtsstaatliches Postulat bezeichnet, so mag an dieser Stelle dahingestellt bleiben, ob genereller Gesetzescharakter wirklich die grundlegende Voraussetzung für den Rechtsstaat ist; entschieden bestritten muß aber werden, daß für die Demokratie ebenfalls die Lehre von der notwendigen Beschränkung des Gesetzes auf generelle Tatbestände Gültigkeit haben kann. Diese Auffassung von Carl Schmitt hängt eng mit seiner grundsätzlichen Betrachtungsweise zusammen, die in erster Linie das den gegenwärtigen Verfassungszustand zweifellos stark beherrschende Zusammenspiel zwischen bürgerlichem Rechtsstaat und Demokratie zum Ausgangspunkt nimmt. Aus diesem tatsächlichen, in Deutschland herrschenden Zustand geht aber nicht hervor, daß für die Demokratie dieses Zusammenspiel wesensnotwendige Existenzvoraussetzung ist. Es muß insgesamt fraglich erscheinen, wieweit die Massendemokratie des 20. Jahrhunderts bürgerlich rechtsstaatliche Elemente beibehalten kann, ohne auf die Dauer entscheidende Einbuße an ihrem demokratischen Grundcharakter zu erleiden. Es ist mindestens dies sicher, daß die Demokratie nicht gehalten ist, nur generelle Gesetze zu erlassen, daß für sie diese Sicherung nicht notwendig ist, da hier die Zustimmung der Mehrheit des Volkes als Sicherheitsfaktor vorhanden ist. Das generelle Moment des demokratischen Gesetzes liegt in seinem Ursprung, nicht in seiner Tendenz beschlossen. Wenn Schmitt sich auf Aristoteles beruft, so ist damit noch nichts über die Praxis der attischen Demokratie ausgesagt. In den Fehler, aus den Wünschen und Intentionen eines Schriftstellers auf eine geübte Verfassungspraxis zu schließen, verfällt Kaerst [2]), wenn er behauptet, daß tatsächlich ein materieller Unterschied zwischen Gesetz und Volksbeschluß, nomos und psephisma, bestanden habe.

---

[1]) Zuletzt im Gutachten zum deutsch-polnischen Liquidationsabkommen, dann in JW. 1929, 495; grundsätzlich in der Verfassungslehre. Carl Schmitt stellt die These auf, daß Enteignung begrifflich kein Verwaltungsakt, jedoch nur in dessen Form zulässig sei; es kann also auch durch Gesetz enteignet werden, nur ist diese Enteignung unzulässig. Ihm folgend auch Huber: Die Garantie der kirchlichen Vermögensrechte in der Weimarer Verfassung. 1927.

[2]) In seiner Geschichte des Hellenismus 1917, Bd. I, S. 40 f.

Daß dies nicht der Fall war, wird eingehend von Keil [1]) nachgewiesen, der ausdrücklich vermerkt, daß beide rücksichtlich der Materie ineinander übergehen und daß es Volksbeschlüsse gegeben habe, welchen durchaus allgemeine und konstitutive Bedeutung zukam. Auch die Praxis der französischen Demokratie hat sich niemals die theoretischen Ansichten Duguits [2]) zu eigen gemacht und kennt bis auf den heutigen Tag Gesetze, die individuelle Tatbestände regeln. Warum individuelle Gesetze gegen Einzelpersonen keine Enteignung sind, hat schon Christiansen [3]) gesehen, wenn er von jenem Fall spricht, in dem der Staat deshalb keine Entschädigungen zahlen muß, weil seine Absicht gerade darauf gerichtet war, diesen bestimmten Wert sich zuzueignen. Der Unterschied zur Enteignung liegt in dem fehlenden Moment der Zufälligkeit. Bei der Enteignung nimmt der Staat etwas weg, was er braucht, gleichgültig, wem es gehört; in dem anderen Fall (Fürstenenteignung, das Österreichische sogenannte Schlössergesetz) nimmt der Staat etwas weg, weil es gerade diesen bestimmten Personen gehört. Daß er es wegnehmen kann, ohne daß hieraus eine Rechtsanarchie entsteht, ist das Verdienst der Demokratie, die hierfür eine Mehrheitsentscheidung verlangt und voraussetzt.

Die Rechtspraxis hat bisher als Erfordernis der Enteignung das Vorliegen eines öffentlichen Unternehmens, für das die Enteignung stattfindet, verlangt. Unter Unternehmen verstand sie einen konkreten Sachinbegriff [4]); sie verstand darunter »das Unternehmen« und begnügte sich nicht mit dem vagen »etwas unternehmen«. Indem

---

[1]) Keil, Griechische Staatsaltertümer in Einleitung in die Altertumswissenschaft, Bd. III, S. 380 ff. Dort heißt es: »Aristoteles stellt zwar den inhaltlichen Unterschied zwischen beiden auf, daß das Gesetz die allgemeine Bestimmung regele, das Psephisma nichts Allgemeines anordne (Pol. 1292 a), vielmehr nur dazu bestimmt sei, da ergänzend einzutreten, wo gesetzliche Ordnung unmöglich sei, allein die Praxis des demokratischen Staates stimmt so wenig zu dieser Schilderung, daß man sie für eine theoretische Forderung des Philosophen zu halten geneigt sein wird, auf die er seine Ansicht von dem Grunde der Zerrüttung einer Demokratie wie die Athens aufbaut.« Ebenso dem Sinne nach Georg Busolt: Griechische Staatskunde 1920, I. Hälfte, S. 458. Vgl. dazu auch Jakob Burckhardt, Griechische Kulturgeschichte (Ausgabe Kröner), Bd. I S. 221 ff.

[2]) Duguit, traité II, p. 146 ff. und Révue de droit public 1907 p. 472.

[3]) a. a. O. S. 79.

[4]) Daß dem Terminus »Unternehmen« tatsächlich diese Bedeutung innewohnt, weist bezüglich der Hauptmaterie des Enteignungsrechts, des Eisenbahnenteignungsrechts, eingehend und überzeugend nach E. Durniok in »Die Entstehung des heutigen Enteignungswesens aus den Bedürfnissen des Eisenbahnbaues« in Archiv für Eisenbahnwesen 1929, S. 1406 f.

man das Subjekt »Unternehmen« zu dem Verbum »unternehmen« umdeutete, ging jede Begrenzung verloren. Nun ließen sich alle Akte einer vorausschauenden und planmäßigen Gesetzgebung als Enteignungsunternehmen kennzeichnen. Aufwertung, Bauernbefreiung, Wohnungsnotbeseitigung werden hier mit der städtischen Kanalisation und der Errichtung einer Badeanstalt in eine Reihe gestellt [1]). Der Unterschied tritt klar zutage. Durch die Inflation sind die Hausbesitzer bereichert, die Hypothekengläubiger entreichert, und durch die Aufwertungsgesetzgebung ist diese generell eingetretene Tatsache mehr sanktioniert als geändert worden. Bei der Aufwertungsgesetzgebung ebenso wie bei der Wohnungsmangelgesetzgebung und im gesamten Sozialisierungskomplex wird planmäßig vorgegangen, während die Wegnahme eines Grundstücks zur Errichtung eines öffentlichen Sportplatzes nur zufällig gerade dieses Grundstück betrifft. Die hierbei waltende Planmäßigkeit hat mit dem Grundstück nichts zu tun. Wenn ein privates Schlachthaus geschlossen wird, um ein öffentliches zu errichten, wie dies schon die Reichsgewerbeordnung vorsah, so mag man dies vielleicht mit einer rechtlich irrelevanten Terminologie als einen Eingriff in private Rechte bezeichnen [2]), man kann es niemals eine Enteignung nennen. Wenn die Stadt den Acker eines Bauern braucht, weil sie dort ein öffentliches Schlachthaus errichten will, so muß sie diesen Acker, falls sie sich nicht gütlich mit dem Bauern einigen kann, enteignen. Mit vollem Recht ist anläßlich der Rechtsprechung des Reichsgerichts [3]) zur Wohnungsbeschlagnahme die Frage aufgeworfen worden, warum, falls man die Wohnungsbeschlagnahme als Enteignungsunternehmen ansehe, man nicht mit dem gleichen Recht auch die reichsgesetzlichen Einschränkungen, die das Mietrecht des bürgerlichen Gesetzbuches in Kriegs- und Nachkriegszeit erfahren habe, dem Enteignungsbegriff

---

1) Siehe Martin Wolff a. a. O. S. 14 und Triepel, Goldbilanzenverordnung und Vorzugsaktien, 1924.

2) Energisch setzt sich Carl Schmitt gegen die Ausdehnung des Enteignungsbegriffes auf gesetzliche Eingriffe in die Gewerbefreiheit zur Wehr. Er weist auf die gänzlich anders gelagerte Frage, ob der eingerichtete Gewerbebetrieb als Schutzobjekt im Sinne des § 823 BGB. anzusehen sei, in einem unveröffentlichten Gutachten über die Rechtsgültigkeit des Entwurfes des Gesetzes über Entschädigung von Betrieben und Arbeitnehmern auf Grund der Einführung des Branntweinmonopols hin (S. 6). In diesem Sinn wohl auch Hofacker, Der Einzelne und die Gesamtheit, S. 24 und RGZ. 101, 289 f. und RGZ. 126, 96.

3) Neuestens hat sich der VII. Senat wieder zu dieser Rechtsprechung bekannt in J. W. 1930, S. 1180. Baak in Preuß. Verwaltungsblatt 49, S. 17.

unterwerfe? Ja, noch viel weiter gehend wäre hiernach kein ersichtlicher Grund vorhanden, warum nicht die meisten unserer modernen arbeitsrechtlichen Bestimmungen unter diesem Gesichtspunkt rechtsungültig sein sollten. Denn auch die Normen der Stillegungsverordnung, des Gesetzes über die Beschäftigung Schwerbeschädigter und die Arbeitszeitverordnungen schränken das freie Verfügungsrecht des Arbeitgebers über sein Eigentum am Unternehmen tatsächlich und rechtlich ein. Soweit, hierin eine Enteignung zu erblicken, ist bisher noch kein deutscher Theoretiker und kein deutsches Gericht gegangen, obwohl überall ein Unternehmen im Sinn der modernen Enteignungstheorie vorliegt. Alle Sozialgesetzgebung geht auf die einheitliche Anschauung zurück, die dem Staat das Recht zum gesetzlichen Eingriff in private Interessen in einem vom Mehrheitswillen der Bevölkerung statuierten, übergeordneten Gesamtinteresse zubilligt. Offenbar scheitert hieran die weite Fassung des Unternehmensbegriffes, da sie nicht erklären kann, warum in manchen Sachkategorien eine Enteignung vorliegt und in anderen nicht. Eine Rechtfertigung durch Anerkennung einer Rechtsfortbildung für die Aufhebung oder Beschränkung mancher Rechtskategorien kann keinen Anspruch auf rechtssystematischen Wert erheben und zeigt nur die Hilflosigkeit einer Theorie, die ihre eigenen Ergebnisse nicht billigen kann [1]).

Wenn die Enteignung nach bis zur Reichsverfassung geltender Rechtsanschauung die Wegnahme eines Besitzes war, der einem anderen Zweck dienstbar gemacht werden sollte, so war klar, daß diese Enteignung sich in zwei Akten vollzog: einmal in der sichtbaren Wegnahme des Gutes und zum anderen in der konkreten Übereignung

---

[1]) Martin Wolff, a. a. O. S. 19; am offensichtlichsten aber Meyer in Pr. VBl. 49, S. 130, der den Enteignungsbegriff nach geltendem Recht soweit ausdehnt, daß er am Ende seiner Ausführungen die sich aus seinen ausdehnenden Interpretationen ergebenden Folgen für das preußische Städtebaugesetz selbst nicht billigt und eine Einschränkung der Entschädigungspflicht für unerläßlich hält, ohne freilich von seinem Ausgangspunkt aus einen juristisch gangbaren Weg zu besitzen. Das gleiche gilt für die Ausführungen desselben Autors im Reichs- und Preuß. Verw.-Bl. Bd. 51, S. 285 ff. Charakteristisch für die völlige Begriffsaufweichung auch die Gutachten von Litten, Lobe und Brand (können Beamtengehälter mit Wirkung für die planmäßige angestellten Beamten durch einfaches Gesetz herabgemindert werden? Gutachtensammelband des Danziger Beamtenbundes, 1928, S. 80, 62, 124), die die generelle Kürzung von Beamtengehältern als Enteignung bezeichnen; dabei finden Lobe und Litten dies so selbstverständlich, daß sie sich jede Begründung ersparen. Dagegen mit zutreffenden Gründen Ernst Friesenhahn in »Wirtschaftsdienst« vom 4. Juli 1930, S. 1143.

an den neuen Eigentümer. Auch dieser klare Rechtsvorgang mußte aufgelöst werden, um zu dem gewünschten Ergebnis zu gelangen. An die Stelle der Übereignung trat eine Überführung, die den Vorteil bot, daß sie juristisch nicht faßbar war, dafür aber gesetzliche Vermögensverschiebungen, die keine juristischen Übertragungsakte enthielten, mit umfaßte. Wenn ein bestehendes feudales Jagdrecht abgeschafft wird, so ist es schwer zu behaupten, daß dem Eigentümer des betreffenden Grundstücks etwas übereignet wird. Das gleiche gilt für den Fall der Abschaffung von Eigenjagden [1]), die die aus volkswirtschaftlichen und sicherheitspolizeilichen Gründen neu vorgeschriebene Mindestgröße nicht erreichen. Da es aber auch einen negativen Prozeß der Überführung gibt, der darin liegt, daß das Eigentum nun nach Befreiung von fremden Rechten zu voller Machtfülle anschwillt, so läßt sich auch hier eine Enteignung konstruieren. Denn das notwendige öffentliche Unternehmen liegt in der Aufhebung von Jagdrechten. Die immanente Logik dieses so erweiterten Enteignungsbegriffes führt zu ungeheuerlichen Konsequenzen. Eine Neuverteilung der Steuerlasten wird für jeden angeblich Geschädigten angreifbar, sofern er nur einen mittelbaren Überführungsprozeß behaupten kann, der immer dann vorliegt, wenn die Steuergesetzgebung, und sei es aus den sorgsamsten wirtschaftspolitischen Erwägungen heraus, einer bestimmten Bevölkerungsschicht, Produzenten- oder Konsumentengruppe, eine Steuerermäßigung zuteil werden läßt. Zollgesetzliche oder durch Monopolgesetz erfolgte wirtschaftliche Schädigung bestimmter Wirtschaftsgruppen macht den Staat entschädigungspflichtig; er ist zum Ausgleich verpflichtet, falls sein »öffentliches Unternehmen« (genannt Regierung) durch solche Maßnahmen Profitquoten mindert oder Betriebsstillegungen herbeiführt [2]). Generelle Schadloshaltung in Form von Steuererleichterungen, Subventionen und staatlichen Soziallastquoten werden nicht mehr genügen, man wird dem Staat eine individuelle Rechnung aufmachen. Im Endergebnis unterwirft der Ausdruck »Überführung«

[1]) Für den Fall der gesetzlichen Beschränkung der Eigenjagdbezirke nimmt eine entschädigungspflichtige Enteignung an Schelcher a. a. O. S. 364ff. mit ausführlicher Stellungnahme gegen die Urteile des Sächsischen Oberverwaltungsgerichts Jahrbuch 30, 101 und 32, 163; dagegen ausführlich Pollwein in Leipz. Zschr. f. deutsches Recht, 1929, Nr. 17/18, S. 978 ff.

[2]) Siehe Wimpfheimer in Juristische Wochenschrift, 58. Jahrg., Heft 8, S. 498. Siehe auch die Ausführungen Rudolf Goldscheids über Expropriierung und Repropriierung des Staates in seinem Beitrag: »Staat, öffentlicher Haushalt und Gesellschaft« im Handbuch der Finanzwissenschaft Bd. I.

zusammen mit dem neuen Unternehmensbegriff und der Ausdehnung der Enteignung auf gesetzliche Akte weite Strecken der Staatstätigkeit einer privatrechtlichen, unter privatwirtschaftlichen Gesichtspunkten arbeitenden Kontrolle. Die Staatstätigkeit löst sich in ein Bündel privatrechtlicher Beziehungen auf, wobei es jedem privaten Interessenten in die Hand gegeben ist, seine Ansprüche nach dem Maßstab bürgerlich-rechtlicher Bereicherungsgrundsätze geltend zu machen. In Wirklichkeit führt diese Erweiterung des Enteignungsbegriffes im Endergebnis zu einer Garantie des status quo, des gegenwärtigen Bestandes an Privateigentum gegenüber dem Staat, von der niemand wird behaupten können, daß sie in der Reichsverfassung eine Stütze finde. Hätte die Reichsverfassung jemals diese Auffassung vertreten, so wären manche ihrer Bestimmungen heute unverständlich. Unerklärlich wäre das Dasein des Artikels 156, mindestens die Einfügung »in sinngemäßer Anwendung der für Enteignung geltenden Bestimmungen«, denn unter einen solchen Enteignungsbegriff wäre die Sozialisierung an und für sich schon gefallen; indem aber die Reichsverfassung sie erst ausdrücklich für anwendbar erklärt, zeigt sie, daß sie diesen Enteignungsbegriff nicht teilt. Auch ist nichts davon in der Verfassung zu finden, daß die Verwirklichung des Artikels 151: die Ordnung des Wirtschaftslebens muß den Grundsätzen der Gerechtigkeit mit dem Ziele der Gewährung eines menschenwürdigen Daseins für alle entsprechen, gerade unter Zuhilfenahme der Garantie des status quo durchgeführt werden sollte. Mindestens müßten die Anhänger der Garantieauffassung den Beweis erbringen, daß ihre Methode dem Verfassungsziel entgegenkommt. Ein solcher Versuch ist mir bisher nicht bekannt geworden[1]).

Kurz muß hier auf die zweite Autorenreihe hingewiesen werden, die auf entgegengesetztem Weg zu demselben Ergebnis kommt. Hier wird der Begriff der Enteignung auf seinen wahren Umfang beschränkt und nach dem ihm innewohnenden Sinne interpretiert. Es wird aber dann nicht der Schluß aus Absatz 1 des Art. 153 gezogen, daß andere Eigentumsbeschränkungen zulässig seien, sondern hier wird gerade gefolgert, daß alle anderen Eigentumsbeschränkungen ausgeschlossen

---

[1]) Die gelegentlichen Bemerkungen Lutz Richters und Glums (Veröff. d. Ver. deutsch. Staatsrechtslehrer Heft 6, 1929 S. 82 f. und 146) betonen stark die Fragwürdigkeit der Bestimmung, wenn beide auch positiver Sinngebung zugeneigt scheinen.

sein sollen[1]). Daß bei dieser Konstruktion die Bedeutung des Absatzes 1 Satz 2 völlig verkannt wird, wurde oben schon ausgeführt. Er muß notwendigerweise in eine rein polizeirechtliche Beschränkung umgedeutet und die Gesamtstellung des Absatzes 1 des Art. 153 in ihr Gegenteil verkehrt werden. Immerhin ist interessant, daß die beiden Begründungsarten, die zum gleichen Ziel führen, sich juristisch gegenseitig aufheben.

Daß es sich hier nur um eine andere, allerdings wenig stichhaltige Art der Begründung handelt, zeigt die neue Schrift Krückmanns. Hier werden die vom Reichsgericht unter die Enteignungskategorie rubrizierten Fälle fast ausnahmslos als »Einziehung (Konfiskation)« betrachtet. Hierbei unterscheidet Krückmann eine erlaubte Einziehung und eine unerlaubte Einziehung, die gegen Art. 153 Abs. 1 verstoßen soll. Warum die gesetzliche Beseitigung von Monopolstellungen, die Schaffung von Vorkaufsrechten und Ähnliches eine Konfiskation darstellen soll, hat der Verfasser nicht ersichtlich gemacht. Ebensowenig, weshalb in solchen Gesetzen ein Verstoß gegen Art. 153 Abs. 1 liegen soll. Der rechtspolitische Zweck dieser neuen Unterscheidung ist allerdings vollkommen klargelegt: es soll durch diese Terminologie die Gefahr vermieden werden, daß der Reichsgesetzgeber die richterliche Anwendung der Enteignungskategorie durch ausdrücklichen gesetzlichen Ausschluß der Entschädigung unschädlich macht. Der Ausdruck Konfiskation, den der Verfasser hier ebenso verwendet wie Bredt[2]), entbehrt jedoch jeder juristischen Berechtigung. Einziehung bedeutet in unserer heutigen Gesetzessprache nur eine auf Grund strafrechtlicher und strafprozessualer Normen vom Richter ausgesprochene Wegnahme.

Zusammenfassend ist hier zu sagen: die Weimarer Verfassung behält das Rechtsinstitut der Enteignung bei, so wie es aus dem 19. Jahrhundert übernommen wurde. Eine Erweiterung dieses Rechtsinstituts ist nicht eingetreten, konnte nicht eintreten, da die Enteignung ihrem ganzen Aufbau nach gar nicht erweiterungsfähig ist. Es besaß früher eine über seine technische Ausgestaltung hinausgehende, gerade in seiner Ausnahmestellung liegende Bedeutung als Garant der bürgerlichen Eigentumsordnung. Da die Weimarer

[1]) So Zeiler in »Die Rechtsgültigkeit der Aufwertungsgesetzgebung«, Halle 1925, Krückmann in »Enteignung und Einziehung nach alter und neuer Reichsverfassung«, Leipzig 1925, und neuerdings in der S. 1 Anm. 1 erwähnten Schrift; sowie Mügel in seinem Kommentar zum Aufwertungsgesetz, Einleitung.

[2]) Preußische Jahrbücher Bd. 218, H. 3, S. 283/84.

Verfassung nur das Rechtsinstitut des Eigentums beibehält, die bürgerliche Eigentumsordnung als ganzes nicht mehr garantiert, besitzt auch der Art. 153 Abs. 2 diese Garantiefunktion nicht mehr. Art. 153 Abs. 1 hält das Eigentum aufrecht, setzt aber der Einwirkung des Staates als Maximalgrenze nur die Forderung entgegen, daß eine Rechtseinrichtung übrig bleiben müsse, die den Namen Eigentum verdient; über deren Umfang sagt er nichts aus. Deshalb ist die Beziehung Eigentümer — Staat eine grundsätzlich andere als die Beziehung Eigentümer — Dritter. Aus diesem Grunde wäre es auch verfehlt, aus den Wandlungen des Eigentumsbegriffs im Gefolge der kapitalistischen Wirtschaftsordnung[1]) Schlüsse zu ziehen auf einen größeren Schutzanspruch des Eigentums gegenüber staatlichen Eingriffen. Ein solcher ist nur vorhanden, falls es sich um eine Enteignung im herkömmlichen, seit dem Napoleonischen Gesetz von 1807 darunter verstandenen Sinne handelt. Dabei und nur dabei ist auch die Wandlung des Eigentumsbegriffes zu berücksichtigen.

IV. Die Enteignungsrechtsprechung des Reichsgerichts.

Auf die heutige Entwicklung des Enteignungsbegriffes ist die Rechtsprechung des Reichsgerichts von entscheidendem Einfluß

[1]) Die These von Reise in der Hamburger Dissertation: Die Enteignung von Rechten, 1929, über die Ausdehnung des Eigentumsschutzes ist, soweit sie sich auf die möglichen Objekte der Enteignung bezieht, richtig, ja auch ziemlich anerkannt, übrigens auch schon von Lassalle. Dieses durch wirtschaftliche Strukturwandlungen bedingte Maß höheren Eigentumsschutzes wird aber dort problematisch, wo es sich um mittelbare Einwirkungen der Staatsgewalt handelt. Deshalb hilft die von Morstein-Marx in der Besprechung der Diss. von Reise (AöR. 18, 276) gemachte Feststellung, daß das Prinzip der Enteignung gegen Entschädigung weder unbedingt kollektivistisch noch ureigenst individualistisch, sondern vielmehr ein reines Gerechtigkeitsprinzip sei, nicht weiter. Sie ist bei der hier vertretenen strengen Begrenzung des Enteignungsbegriffes unanfechtbar, aber nur bei ihr; nicht bei einer so skeptischen Auffassung wie der von Morstein-Marx, der diesen Fragenkomplex nicht aus dem Gesamtzusammenhang des Weimarer Verfassungssystems heraus behandelt, sondern sich zugestandenermaßen von augenblicklichen verfassungspolitischen Tendenzen treiben läßt. Die weitergehende amerikanische Rechtsprechung (John R. Commons, Legal Foundations of Capitalism, New York 1924) kommt für Deutschland nicht in Betracht. Über die Wandlungen des Eigentumsbegriffs in der höchstrichterlichen Rechtsprechung der U. S. A. jetzt auch John R. Commons: Das angloamerikanische Recht und die Wirtschaftstheorie, in Wirtschaftstheorie der Gegenwart Bd. III und Hermann Kröner: John R. Commons, Jena 1930; Vögelin in Archiv f. angew. Soziologie II, Heft 4; Diehl, Die rechtlichen Grundlagen des Kapitalismus, Jena 1929.

gewesen. Die ordentlichen Gerichte und damit in letzter Instanz das Reichsgericht sind, falls das Vorliegen einer Enteignung behauptet wird, unter zwei Gesichtspunkten zuständig: einmal falls die angebliche Enteignung in einer landesgesetzlichen Bestimmung enthalten ist, weil ja der Artikel 153 der Reichsverfassung den Ausschluß der Enteignungsentschädigung nur Reichsgesetzen vorbehält, und zum anderen falls ein Enteignungsakt durch reichsgesetzliche Bestimmung behauptet wird, unter der Voraussetzung, daß der Ausschluß einer Enteignungsentschädigung nicht ausgesprochen ist. Von einer konstanten Rechtsprechung des Reichsgerichts kann nicht gesprochen werden. Obwohl die meisten reichsgerichtlichen Entscheidungen zu einer sehr extensiven Interpretation des Enteignungsbegriffes gelangen, sind doch andererseits bis in die letzte Zeit hinein Entscheidungen ergangen, die von der richtigen Erkenntnis ausgehen, daß die Enteignung von der Reichsverfassung als technisch vorhandener Begriff vorausgesetzt wird [1]). Über die Fragen, ob der Ausschluß der Enteignungsentschädigung durch ausdrückliche Bestimmung erfolgen muß oder ob dieser Ausschluß als unausgesprochene logische Konsequenz aus anderen Bestimmungen entnommen werden kann, ist ebenfalls eine einheitliche reichsgerichtliche Rechtsprechung [2]) nicht vorhanden. Immerhin läßt sich die Regel aufstellen, die durch vereinzelte Ausnahmen nur bestätigt wird, daß die Rechtsprechung des Reichsgerichts seit dem 102. Bande die sich mehr und mehr verstärkende Tendenz aufzeigt, den konkreten Enteignungsbegriff aufzulösen und in das Gebiet der Enteignung enteignungsähnliche Prozesse und Eingriffe, Entziehungen jeder Art von Privatrechten einzubeziehen. In diesem Prozeß werden dann jeweils die von der Literatur aufgestellten Erweiterungsmerkmale herangezogen und verwertet, und damit der Tendenz, allen privaten Rechten einen möglichst weit

---

[1]) s. RG. 107, S. 269 und 118, S. 26.

[2]) In Reichsgericht Bd. 102, S. 162, wird bei der Rechtsungültigkeitserklärung der Bremer Wohnungsmangelverordnung ausdrücklich gesagt: »Der Wortlaut des Art. 153 sowie die Bedeutung der Verfassungsbestimmungen, insbesondere der Grundrechte, die doch als Heiligtum des deutschen Volkes gedacht sind, weisen auf die Notwendigkeit hin, daß die Rechtsnorm, die eine Ausnahme schafft, sich deutlich dazu bekennt.« Bei der Frage der Rechtsgültigkeit der Verordnung betreffend Vergütung für die an Abdeckereien abzuliefernden Tiere usw. vom 4. Mai 1920 (RGBl. S. 891) hat das Reichsgericht sich auf den Standpunkt gestellt, daß die entschädigungslose Aufhebung eines Privilegs schon dadurch ausgesprochen ist, daß den bisherigen Privilegberechtigten nunmehr eine Vergütungspflicht auferlegt wird.

ausgedehnten Schutz zu gewährleisten, zum Durchbruch zu verhelfen. Dabei fällt besonders ins Auge, daß jedem gesetzlichen Eingriff in private Rechte zunächst ruhig einmal die von Partei wegen vorgebrachte Bezeichnung als Enteignung gelassen wird, um dann erst zu untersuchen, ob nicht gesetzliche Bestimmungen vorliegen, die den Ausschluß einer Entschädigung haltbar erscheinen lassen. Diese Verfahrensmaxime ist natürlich geeignet, jeden klaren Unterschied zu verwischen und dem Enteignungsbegriff jede Präzision zu nehmen. Bei der Frage der Rechtsgültigkeit der dritten Steuernotverordnung und später des Aufwertungsgesetzes [1]) hat das Reichsgericht gegenüber dem Vorbringen, daß hier eine Entziehung wohlbegründeter Rechte vorliege, sich richtig auf den Standpunkt gestellt, daß »es sich nicht um eine Entziehung wohlbegründeter Rechte, sondern um eine Festsetzung und Begrenzung des Inhalts der durch die Geldentwertung und den Wirtschaftsverfall in ihren Grundlagen völlig erschütterten Rechtsverhältnisse im Sinne des Art. 153 Abs. 1 Satz 2 RV. gehandelt hat«. Leider hat das Reichsgericht diese Stellungnahme nicht zu seinem Leitprinzip erhoben; denn sonst hätte es dazu kommen müssen, daß mindestens alle generellen Regelungen, die Eingriffe in Privatrechte enthalten, immer nur vom Gesetzgeber für notwendig erachtete Festsetzungen von Rechtsverhältnissen sind, bei denen es dahingestellt bleiben kann, ob der Ausgangspunkt des Gesetzgebers richtigen Erwägungen entsprach, sofern er nur damit im Rahmen vernünftiger staatlicher Zielsetzungen bleibt.

In der Folge werden hier drei Entscheidungen besprochen. Das Gebiet der sogenannten Fürstenenteignung, welches im übrigen nach den hier besprochenen Rechtsgrundsätzen weder als Enteignung noch als verbotene Einziehung anzusehen ist, bleibt unberücksichtigt. Der erste Fall behandelt die Frage, ob die Verordnung des Reichspräsidenten über die Ablieferung ausländischer Vermögensgegenstände vom 25. August 1923 (RGBl. I S. 833) eine Enteignung enthält [2]). Dort ist bestimmt, daß diejenigen Rechtspersönlichkeiten, die im Besitz gewisser ausländischer Zahlungsmittel und Wertpapiere sind, davon eine bestimmte Anzahl abzuliefern haben, wofür sie als

---

[1]) RG. Bd. 107, S. 375 und 111 S. 325. Zwischen Neuregelung und gesetzlichem Einzeleingriff unterscheidet die Entscheidung über die Rechtsgültigkeit des Reichsgesetzes betr. die Aussetzung von Rechtsstreitigkeiten über ältere staatliche Renten vom 6. 7. 29 RGBl. I, 131 in RG. Bd. 128, 171.

[2]) RG. Bd. 110, S. 344.

Gegenleistung Goldanleihe, Reichsmark oder Gutschrift auf wertbeständiges Steuerkonto erhielten. Das Reichsgericht sieht in der Tatsache, daß hier nicht allen Staatsangehörigen eine gleichmäßige Ablieferungspflicht allgemein auferlegt, sondern nur die Ablieferung gewisser einzeln bezeichneter Wertgegenstände verfügt wird, eine starke begriffliche Anlehnung an die Enteignung, woraus sich die Anwendung des Art. 153 Abs. 2 rechtfertige[1]). Selbst wenn man die falsche Ansicht vertreten würde, daß individuelle Akte des Gesetzgebers unter die Enteignungskategorie fallen müßten, so ist doch unerfindlich, wo hier ein solcher individueller Akt liegen soll[2]). Denn die Einschränkung ergibt sich doch zwingend aus dem Tatbestand selbst; der Staat konnte zu dem finanzpolitisch notwendigen Zweck der Anlegung eines Devisenvorrats nur bestimmte Devisen hochvalutarischer Länder brauchen; soweit er diese brauchte, ist eine generelle Ablieferungspflicht verfügt. Daß der Kreis der hiervon Betroffenen ein begrenzter war, ändert am generellen Charakter der Verordnung nichts[3]).

Der zweite Fall betrifft die oben bereits behandelte Erweiterung der juristischen zur wirtschaftlichen Überführung. Für die allein in Betracht kommende Enteignungsfrage handelt es sich um folgendes: Gemäß § 199 des Anhaltischen Berggesetzes vom 20. April 1906

---

[1]) Ausdrückliche Billigung solcher Analogieschlüsse im Gutachten Triepels zum deutsch-polnischen Liquidationsabkommen, S. 39.

[2]) Nur wenn man Enteignung = Einzeleingriff so »erfreulich unpedantisch« auslegt, wie dies Ascher in J. W. 1930 S. 1958 dem RG. konzediert, kann man eine solche Rechtsprechung billigen.

[3]) Dies ist auch der Standpunkt von Anschütz in seinem Gutachten zum deutsch-polnischen Liquidationsabkommen. Er verneint deshalb mit Schmitt gegen Kaufmann, Triepel und Simons, daß das Abkommen Enteignungscharakter habe. Daß der generelle Charakter der Eigentumsbeschränkung nicht dadurch geändert wird, daß der Umkreis der Betroffenen durch die dem Eingriff immanente Richtung und Zwecksetzung begrenzt wird, verkennt Schelcher a. a. O. S. 370 f.; ebenso anscheinend die S. 369 angeführte Entscheidung des Sächsischen Oberverwaltungsgerichts vom 15. 2. 29. Zu welcher Willkür diese Verkennung führt, zeigen die Ausführungen Schelchers auf S. 378; während der Enteignungscharakter für die nachbarrechtliche Duldungspflicht gegenüber Eisenbahnemissionen — richtigerweise — verneint wird, bleibt völlig unerfindlich, warum das Anbringen von Rosetten nicht in dieselbe Kategorie gehört und alle Untertanen in bestimmter Rechtslage betrifft. Die von Schelcher S. 350 vorgenommenen Definitionen für öffentlich-rechtliche Eigentumsbeschränkung und Enteignung sind schon deshalb unannehmbar, weil die in gleicher Rechtslage befindlichen Eigentümer der Definition 1 für Eigentumsbeschränkung mit dem sachlich begrenzten Kreis von Personen der Definition 2 für Enteignung identisch sind.

werden vom Staat an Bergwerksabgaben erhoben 1. eine Rohertragssteuer an den Staat von allen vom Verfügungsrecht des Grundeigentümers ausgeschlossenen Mineralien, wozu auch Braunkohle gehört, 2. eine Grubenfeldabgabe an den Staat von jedem Grubenfeld, 3. eine Kohlenrente von den Braunkohlengruben an den Grundeigentümer. Die Rohertragssteuer betrug 2%, die an den Grundeigentümer zu zahlende Kohlenrente 6% des Erlöses bzw. des Wertes der Braunkohle zur Zeit ihres Absatzes. Durch Gesetz vom 27. März 1920 trat eine Änderung dahin ein, daß die Entschädigungsrente an den Grundeigentümer nur noch von den Braunkohlengruben zu zahlen war, bei denen die Förderung vor dem 1. April 1920 begonnen hatte, und zwar nur noch in Höhe von 6% des den Betrag von 25 Pf. je Hektoliter nicht übersteigenden Erlöses. An den Staat war von den Braunkohlengruben, bei denen die Förderung vor dem 1. April 1920 begonnen hatte, außer der Rohertragssteuer von 2% weiter eine solche in Höhe von 6% des den Betrag von 25 Pf. je Hektoliter übersteigenden Erlöses zu zahlen; von den Braunkohlengruben, in denen die Förderung nach dem 1. April 1920 begonnen hatte, waren nicht 2%, sondern 8% Rohertragssteuer zu zahlen. Hier lag offen zutage, daß der gesetzgeberische Schwerpunkt der Regelung in der Steuermaßnahme lag und daß die Minderung der an den Grundstückseigentümer abzuführenden Rente dazu dienen sollte, den Bergbautreibenden steuerlich leistungsfähiger zu machen. Das Reichsgericht hat angenommen, daß hier eine Enteignung des Grundeigentümers zugunsten des Bergwerkbesitzers tatsächlich stattgefunden habe [1]. Eine Überführung kommt hier aber aus zwei Gründen gar nicht in Betracht. Wenn man auch anerkennt, daß eine Enteignung von Rechten möglich ist, so muß doch ein juristisch deutlicher Übertragungsprozeß vorliegen; dies ist hier nicht der Fall. Durch die Steuerermäßigung gegenüber dem Grundbesitzer hat der Bergwerksbesitzer keine neuen Rechte gewonnen; selbst wenn man den Begriff der Überführung fälschlicherweise rein wirtschaftlich auffaßt, liegt gerade hier eine solche Überführung gar nicht vor; der Bergwerksbesitzer bedeutet ja für die Methoden der Steuererhebung nur eine technische Durchgangsstation, und die Ermäßigung der Rente soll ihm nach dem Willen des Gesetzgebers gar nicht zugute kommen. Interessant ist in den reichsgerichtlichen Ausführungen weiterhin, daß hier sogar so weit gegangen wird, festzustellen, daß im Jahre

[1]) RG. Bd. 109, S. 310 ff.

1856 bereits eine Enteignung stattgefunden habe, weil damals eine 1849 bei Aufhebung des Bergregals gewährte Rente von 10% des Nettoertrags entschädigungslos beseitigt wurde. So entdeckt das Reichsgericht, daß nicht nur unsere heutigen Gesetze nicht in Ordnung sind, sondern sogar die Gesetze des letzten, des bürgerlichen Jahrhunderts den geheiligten Grundsätzen des Privateigentums nicht immer entsprochen haben [1]).

In der Öffentlichkeit sehr viel Unruhe hat eine Entscheidung hervorgerufen, die sich mit folgendem Tatbestand befaßt. Die Ham-

---

[1]) Gegen diese Enteignungsentdeckungsfahrten in frühere Jahrhunderte sehr scharf Carl Schmitt in dem S. 46 Anm. 2 angeführten unveröffentlichten Gutachten S. 9. Eine zugleich deutliche und erfreuliche Abkehr von der herrschenden Begriffsvermengung bietet das Urteil des Staatsgerichtshofs in RG. Bd. 124, Anhang S. 32 ff. über die Rechtsgültigkeit der preuß. Notverordnung vom 10. Oktober 1927 über einen erweiterten Staatsvorbehalt zur Aufsuchung und Gewinnung von Steinkohle und Erdöl. Diese Notverordnung enthielt eine notwendig gewordene Erweiterung der lex Gamp von 1907, indem sie bestimmte, daß in der Provinz Brandenburg und im Gebiet der Stadtgemeinde Berlin die Aufsuchung und Gewinnung von Steinkohle dem Staat zustehe und daß diese Bestimmung auch auf diejenigen Teile der Provinz Sachsen und Niederschlesien Anwendung finde, in welchen die Steinkohle bisher dem Verfügungsrecht des Grundeigentümers unterlag. Nach Art. 3 dieser Verordnung soll die Entschädigung für jeden Grundstückseigentümer regelmäßig in einem Bruchteil des Erlöses oder Wertes der aus dem Grundstück gewonnenen Stoffe festgesetzt werden. Der preußische Staatsrat bestritt die Rechtsgültigkeit dieser Notverordnung neben anderen staatsrechtlichen Argumenten mit dem Hinweis darauf, daß hier eine Enteignung ohne Zubilligung angemessener Entschädigung vorliege. Der Staatsgerichtshof hat diese Argumentation ausdrücklich abgelehnt, mit dem Bemerken, daß zwar zugegeben werde, daß das Recht des Grundeigentümers durch die Entziehung jener Berechtigung gemindert werde; dies bedeute aber keine Enteignung, sondern eine Neuregelung des Gesetzgebers über Inhalt und Schranken des Grundeigentums. Den Inhalt und die Schranken des Eigentums allgemein zu regeln, die zulässigen Rechte an Grundstücken und die Voraussetzungen ihrer Entstehung allgemein zu bestimmen, muß dem Gesetzgeber vorbehalten bleiben, ohne daß er dabei durch eine Pflicht zur Entschädigung gehindert werden kann. Dieses Recht ist ihm in Art. 153 RV. ausdrücklich vorbehalten. Ausdrücklich ist noch hinzugefügt, »daß aber die Reichsgesetzgebung verfassungsmäßig befugt wäre, den Inhalt des Privateigentums durch allgemeine grundsätzliche Abzweigungen wichtiger Befugnisse ohne Entschädigung weitgehend herabzumindern, wird sich wohl nicht bestreiten lassen«. Die entgegengesetzte Ansicht des Gutachters in diesem Prozesse, des OLG.-Präsidenten Meyer, Celle, die dieser in JW. 27, S. 2976 veröffentlichte, ist damit abgelehnt; ebenso Schelcher a. a. O. S. 363 f. — Vollkommen konform mit der erfreulich klaren Entscheidung des Staatsgerichtshofs ist das Urteil des 3. Senats RG. 127, 280 f., wo erstaunlicherweise auf einmal wieder der Enteignungsbegriff auf den Verwaltungsakt auf Grund eines Gesetzes beschränkt wird. Wo bleibt die Entscheidung der vereinigten Zivilsenate? Ihre Notwendigkeit erkennt auch der VII. Senat im Prinzip an (RG. Bd. 128 S. 172).

burger Denkmalschutzbehörde verbot dem Eigentümer einer bei Cuxhaven gelegenen Sandgrube, die ebenso wie der angrenzende Galgenberg in die Hamburger Denkmalliste eingetragen ist, die Ausschachtung dieser Grube. Der Entschädigungsklage des Eigentümers ist vom Hanseatischen Oberlandesgericht und vom Reichsgericht stattgegeben worden. Das Reichsgericht hat hier den Satz aufgestellt, daß eine Enteignung im Sinne des Art. 153 Absatz 2 schon dann anzunehmen sei, wenn das Recht des Eigentümers, mit seiner Sache gemäß § 903 BGB. nach Belieben zu verfahren, zugunsten eines Dritten beeinträchtigt werde, und hat infolgedessen, da das Vorliegen einer solchen Beeinträchtigung erwiesen sei, der Klage des Eigentümers gegen den Hamburgischen Staat stattgegeben. In dieser Entscheidung wird der Begriff der Enteignung auf den der öffentlich-rechtlichen Beschränkung zurückgeführt, ohne daß er als selbständiger verwaltungsrechtlicher Tatbestand bestimmte konkrete Merkmale beibehalten hätte. Es ist bei der Kritik jener Entscheidung schon darauf hingewiesen worden [1]), daß hier von einer Überführung nicht einmal im entferntesten und vagesten Sinn der neueren Lehre die Rede sein könne. Denn es ist gerade der hervorstechendste Charakter der öffentlich-rechtlichen Beschränkung, daß im Allgemeininteresse Privateigentum beschränkt wird, ohne daß doch bestimmte konkrete nutzbare Rechte auf den Sachwalter der Öffentlichkeit übertragen werden. Zugunsten der Allgemeinheit werden hier Beschränkungen vorgenommen, die dieser Allgemeinheit restlos zugute kommen, was aber auf der anderen Seite gerade dazu führt, daß niemandem ein errechenbarer Wert zugeführt wird. Aus diesen Gründen kann auch der Auffassung Söllings [2]), daß zwar nicht aus den Gründen der Reichsgerichtsentscheidung, aber deshalb eine Enteignung als vorliegend zu erachten sei, weil hier der Eingriff sich als so weitreichend darstelle, daß die in Art. 153 Abs. 1 Satz 2 enthaltene Begriffsbestimmung der Enteignung erfüllt sei, nicht zugestimmt werden. Sölling meint, eine solche Enteignung liege dann vor, wenn wie in diesem Falle der schrankenlose Eingriff das Eigentum inhaltleer (im wirtschaftlichen Sinn) gemacht habe. Abgesehen davon, daß in Absatz 1 des Art. 153 keine Definition der Enteignung aufgestellt ist, wird hier unzulässigerweise der rein juristische Begriff der Enteignung durch eine metajuristische Terminologie erweitert. Nach der Auffassung des Verfassers müßte jede

[1]) Hensel im Arch. f. öff. R. NF. 14, S. 23.
[2]) In Juristische Rundschau 1928, Nr. 3, S. 40 ff.

staatliche Monopolerrichtung, die eine bisherige private Machtstellung unterhöhlt, als Enteignung anzusehen sein. Dies würde schon deshalb zu unhaltbaren Konsequenzen führen, weil bei dieser angeblich wirtschaftlichen (lies: privatwirtschaftlichen) Betrachtungsweise auch der Unterschied zwischen unmittelbarem gesetzlichem Eingriff und reiner Tatbestandswirkung (Reflex) eines staatlichen Aktes jeden Sinn verlieren würde und daraus sehr leicht die Folgerung gezogen und dementsprechend die Forderung an den Gesetzgeber gestellt werden könnte, Billigkeitsentschädigungen im weitesten Maße immer dann zu gewähren, wenn private Interessenten indirekte Schädigungen durch staatliche Maßnahmen behaupten. Im übrigen kann auch die von Walter Jellinek neuerdings in seinem dem deutschen Städtetag erstatteten Gutachten über die Entschädigung für baurechtliche Eigentumsbeschränkungen[1]) aufgestellte Schutzwürdigkeitstheorie nicht als adäquate Interpretation des Art. 153 der RV. angesehen werden. Wer den Unterschied von entschädigungspflichtiger Enteignung und entschädigungsloser öffentlich-rechtlicher Beschränkung an dem Maßstab der Stärke und Intensität der Eigentumsbeschränkung bestimmt, vergißt, daß für den Maßstab der Schutzwürdigkeit des Eigentums, für die Frage, wieweit man in der Skala entschädigungsloser Eingriffe gehen darf, nur die vom Gesetzgeber verfolgten Zwecke maßgebend sind. Jede Schutzwürdigkeitstheorie nimmt etwas zur Voraussetzung, was die Reichsverfassung nicht voraussetzt. Sie läßt jedem konkreten Eigentum einen gewissen Wertkern[2]) immanent sein, dessen Bestand ein Apriori für den zukünftigen Gesetzgeber bildet. Dies ist aber insofern falsch, als die Relation zwischen Eigentum und Eingriff durch jedes Gesetz aufs neue festgestellt wird und der Gesetzgeber bei jedem Eingriff, je nach dem konkreten Fall und Bedürfnis den Rangvorzug bestimmt. Jellinek teilt trotz der größeren Beweglichkeit seiner Konstruktion den weitverbreiteten Irrtum, daß die Verfassung eine bestimmte Wertung des Eigentums mitbringe, welche bei Gelegenheit jedes neuen Eingriffs ihren Ausdruck und ihre Bestätigung zu finden habe. Er übersieht dabei, daß die Weimarer Verfassung bei der herkömmlichen Fassung des Enteignungsbegriffs verbleibt und Schutz nur gegen den reinen Verwaltungsakt gewährt,

[1]) Entschädigungen für baurechtliche Eigentumsbeschränkungen, Berlin 1929. Mit ausführlicher Begründung wird die Schutzwürdigkeitstheorie abgelehnt bei Schelcher a. a. O. S. 340f.

[2]) So ausdrücklich W. Jellinek in dem Gutachten zum deutschen Juristentag (Verhandlungen des 36. Deutschen Juristentags Bd. I Lieferung 2, S. 318).

im übrigen aber staatlichen Zielsetzungen auch dann freien Raum läßt, wenn sie nicht nur von einer sozial gebundenen Eigentumsauffassung ausgehen, sondern von einer sozialen Auffassung aus, die die der freien Eigentümerwillkür vorbehaltene Sphäre noch weitgehender beschränkt [1]).

Auf die Folgerungen, die sich aus herrschender Lehre und Rechtsprechung ergeben, ist gerade anläßlich des Hamburger Denkmalfalls verschiedentlich hingewiesen worden. Im Gebiet der öffentlich-rechtlichen Beschränkung wurde insbesondere die Verfassungsmäßigkeit des preußischen Entwurfs zu einem Städtebaugesetz von den verschiedensten Seiten bezweifelt. Gegen die dort vorgesehenen Flächenaufteilungspläne und die damit verbundenen Baubeschränkungen wendet sich der preußische Staatsrat in seinem Gutachten zu diesem Entwurf [2]). Bei der ausführlichen Behandlung, die dieser reine Fall einer öffentlich-rechtlichen Beschränkung in der Begründung des Gesetzentwurfs selbst und in dem im Ergebnis richtigen Jellinekschen Gutachten gefunden hat, soll hier nur auf einen Einwand des Staatsrats hingewiesen werden. Es wird behauptet, die Eigentümer von Nutzgrünflächen und von Freiflächen würden, falls sie gezwungen würden, auf zukünftige Bebauungsmöglichkeiten zu verzichten, hierdurch zu besonderen Opfern genötigt und müssen dafür nach Maßgabe des § 75 der Einleitung zum Allg. LR. entschädigt werden. Diese Begründung geht in doppelter Hinsicht fehl. Zunächst liegt kein besonderes Opfer im Sinne des § 75 vor, da von dieser Maßregel alle diejenigen Eigentümer erfaßt werden, die nach dem Flächenaufteilungsplan in Betracht kommen. Weiterhin bezieht sich die Vorschrift des § 75 Einl. z. Allg. Landrecht, welche übrigens gar kein Verfassungsgrundsatz ist und deshalb durch einfaches preußisches Gesetz abgeändert werden kann, nur auf verwaltungsmäßig, nicht auf gesetzlich auferlegte Opfer. Sollte dies aber nicht aus dieser Bestimmung hervorgehen, so ergibt es sich jedenfalls aus der Kabinetts-Order vom 4. Dezember 1831 [3]). Dort heißt es: »Allein so wenig

[1]) Es muß hier noch einmal ausdrücklich darauf hingewiesen werden, daß die aus deutschrechtlichen Gesichtspunkten (Gierke) vertretene Auffassung von der Sozialpflichtigkeit des Eigentums, die auch Jellinek wieder aufnimmt, durchaus im Bereich des Individualismus verbleibt und ihm nur diejenigen Schranken setzt, die eine auf individualistischer Grundlage aufgebaute Gesellschaftsordnung verlangt.

[2]) S. Drucksache Nr. 3015 des preuß. Landtags, 3. Wahlperiode I. Tagung 28/29 und dazu Rieß in Staats- und Selbstverwaltung, 8. Jahrg., Nr. 20, S. 475.

[3]) Vgl. dazu Anschütz im Verw.-Archiv Bd. V S. 12.

der Souverän in Ausübung seiner Hoheitsrechte selbst von der Einwirkung irgendeiner Gerichtsbarkeit abhängt, so wenig hat derselbe die Folgen dieses Gebrauchs seiner Rechte im gerichtlichen Verfahren zu verantworten.« Dort wird ausdrücklich davor gewarnt, diese Stelle des Allgemeinen Landrechts so auszulegen, als ob der Landesherr verpflichtet wäre, diejenigen zu entschädigen, deren Privatinteressen durch die Ausübung der Hoheitsrechte gefährdet würden. Inzwischen hat sich das Reichsgericht die vom preußischen Staatsrat geäußerten Bedenken restlos zu eigen gemacht. In seiner am 28. Februar dieses Jahres ergangenen Entscheidung [1]) über die Rechtsungültigkeit des § 13 des preußischen Fuchtliniengesetzes finden sich die Merkmale, die für die Ausweitung der Enteignungskategorie bezeichnend sind, alle wieder. Viel klarer als in den bisherigen Urteilen zeigt sich hier an Hand des reichsgerichtlichen Versuchs einen vom Gesetzgeber ausdrücklich geleugneten Unterschied zwischen dem Wesen der Beschränkungen in § 12 und denen in § 13 dieses Gesetzes zu machen, die Unmöglichkeit eine Grenzlinie zwischen diesem entwerteten Enteignungsbegriff und der öffentlich-rechtlichen Beschränkung überhaupt zu erkennen. Am deutlichsten zeigen sich die Konsequenzen dieser ungeheuer schwerwiegenden Entwicklung in einem neueren Reichsgerichtsurteil [2]), das bezeichnenderweise schon gar nicht mehr den Unterschied zwischen Enteignung und öffentlich-rechtlicher Beschränkung macht und die öffentlich-rechtliche Beschränkung durch Gesetz als Eingriff in Privatrechte für unzulässig erklärt, ohne Absatz 1 und 2 des Artikels 153 mehr zu unterscheiden.

Widerstände, die sich aus der herrschenden Auslegung des Enteignungsbegriffes ergeben, haben sich weiterhin in bedeutendem Maße bei der Beratung eines Gesetzes über Änderung der zur Auflösung der Familiengüter und der Hausvermögen ergangenen Gesetze und

[1]) Die Entscheidung, die von ungeheurer praktischer Tragweite für die Städte ist, ist abgedruckt in JW. 1930, S. 1955 f., ausführlicher besprochen hat der Verfasser diese Entscheidung in einem Aufsatz in der Zeitschrift »Die Justiz«, Juni 1930. Wenn diese Entscheidung teilweise deshalb so viel Beifall gefunden hat (vgl. Rieß, VerwBl. 51, 285 ff.), weil die Stadt Berlin zwischen Fluchtlinienfeststellungsbeschluß der Stadtverordnetenversammlung und öffentlicher Planauslegung so sehr lange Zeit verstreichen ließ, so muß man auf eine treffende Bemerkung des Supreme Court of USA. im Fall Munn v. Illinois, 1876, hinweisen. Dort sagt das Gericht, daß in solchen Fällen des angeblichen Mißbrauches der öffentlichen Gewalt »the people must resort to the polls, not to the courts« (zitiert bei Commons, Legal Foundations, S. 14).

[2]) Jur. W. 1930, S. 1205.

Verordnungen im preußischen Landtag ergeben. Dieser Gesetzentwurf bestimmt für die in der Reichsverfassung vorgesehene Gesamtauflösung der Fideikommißgüter eine erhebliche Beschleunigung dadurch, daß ein Stichtag (1. April 1935) für die Beendigung der Auflösung der noch bestehenden Familiengüter eingeführt wird. Alle an diesem Tag noch bestehenden Familiengüter erlöschen mit Beginn dieses Tages. Weiterhin verbessert die Vorlage die Lage der Abfindungsberechtigten durch die Erhöhung der Abfindung und Abschaffung des bisherigen Rechts des Fideikommißbesitzers auf testamentarische Regelung und Ausschluß der Abfindung. Im Prinzip handelt es sich bei der durch die Reichsverfassung vorgesehenen Auflösung der Fideikommisse recht eigentlich um die Beseitigung eines feudalen Restes innerhalb einer kapitalistischen Wirtschaftsordnung. Juristisch handelt es sich um einen Grenzfall zwischen Abschaffung einer Kategorie von subjektiven Rechten und Änderung des objektiven bürgerlichen Rechts in dem schon von Lassalle ausführlich behandelten Sinne. Ein Grenzfall liegt deshalb vor, weil die Fideikommißanwärter zwar bestimmte rechtlich geschützte Anwartschaften besitzen, aber noch nicht Inhaber subjektiver Rechte sind. Für beide Fälle wäre das staatliche Recht zur Neuregelung ohne jede besondere Entschädigung der einen oder der anderen Kategorie auch ohne den ausdrücklichen Hinweis der Reichsverfassung zweifelsfrei. Eine Verfassung wie die Weimarer, die nicht einmal mehr eine bürgerliche im alten Sinne des Wortes sein will, kann feudalen Rechtsinstituten keinen Schutz mehr gewähren. Daß der Staat das objektive bürgerliche Recht jederzeit ändern und neue Entstehungsnormen für zukünftiges bürgerliches Recht bestimmen kann, hat schon Lassalle in seinem System der erworbenen Rechte ausführlich begründet [1]). Insofern hier Änderungen des objektiven Rechts getroffen werden, ist die Beseitigung des Rechtsinstituts des Fideikommisses im vollkommenen Einklang mit der Bewußtseinslage der heutigen Zeit und liegt zudem höchstens ein genereller, nicht ein individueller Eingriff in erworbene Rechte vor.

---

[1]) Die ohne Heranziehung dieser Gesichtspunkte aufgestellte Behauptung Holsteins a. a. O. S. 10, daß Änderungen des objektiven Rechts ebenfalls Enteignungen darstellen könnten, ist ebensowenig stichhaltig, wie die Behauptungen Mielkes in «Die verfassungsrechtlichen Bedenken gegen den dem preußischen Landtag vorliegenden Fideikommißgesetzentwurf» Berlin 1922, der sich bezeichnenderweise für seine Stellungnahme gegen den Entwurf in der Hauptsache auf die Motive zum bürgerlichen Gesetzbuch beruft.

Der charakteristische Tatbestand, daß Parteigruppen, die das politische Programm des Bürgertums vertreten, einer restlosen Beseitigung vorbürgerlicher Rechtsformen und -institutionen deshalb widersprechen, weil deren entschädigungslose Beseitigung als Angriff auf die Institution des Privateigentums als solche gewertet werden könnte, zeigt die ungeheure Erstarrung, die die Idee des Privateigentums in den letzten Jahren ganz im Gegensatz zu den Tendenzen der Weimarer Verfassung erfahren hat. Charakteristischer als bei dem Fall der Fideikommißauflösung tritt dies noch bei dem Gesetz zur Regelung älterer staatlicher Renten in Erscheinung. Der im März 1928 dem Reichstag vorgelegte Entwurf dieses Gesetzes sah vor, daß Renten, die für die Aufgabe oder den Verlust von landesherrlichen oder standesherrlichen Rechten, sonstigen Hoheitsrechten oder Standesvorrechten jeder Art begründet waren, ebenso entschädigungslos in Wegfall kommen sollten, wie Renten, die dem Ausgleich für die Aufgabe oder den Verlust von Leibeigenschafts- oder ähnlichen nach dem heutigen Zeitempfinden als unsittlich anzusehenden Rechten dienten. Merkwürdigerweise enthielt der Entwurf den Passus, daß die Vorlage verfassungsändernd sei, was tatsächlich gar nicht der Fall war. Aber die herrschende Lehre über Begriff und Voraussetzungen der Enteignung war so sehr communis opinio geworden, daß sich nicht nur das das Gesetz vorlegende Ministerium, sondern sogar der Reichstag von ihr beeindrucken ließ. Da diese Vorlage wegen des in ihr enthaltenen Eingriffs in erworbene Rechte nicht die fälschlicherweise als notwendig angesehene Zweidrittelmehrheit erreichen konnte, so fielen entschädigungslos nur die Renten für den Verlust von Leibeigenschaftsrechten oder ähnlichen Rechten fort, während für die anderen Rechte eine Aufwertung beschlossen wurde. Diese Regelung steht nicht nur hinter der Behandlung, die die feudalen Rechtstitel 1848 in Deutschland erfahren sollten, zurück, sondern wird auch weit überholt durch die hier angeführte französische Revolutionsgesetzgebung.

Wir sind in Deutschland dabei angelangt, alle erworbenen Rechte wahllos und ohne Beziehung zu den Notwendigkeiten und Bedürfnissen der Gegenwart mit einer unverbrüchlichen Sanktion, mit einem Panzer gegen den Gesetzgeber auszustatten. Diese Entwicklung hat die Weimarer Verfassung nicht gewollt und mindestens nicht bewußt gefördert. Die dadurch hervorgerufene Bindung des Gesetzgebers an den Willen ihm fremd gewordener Jahrhunderte zwingt ihn auf Schritt und Tritt, Rücksichten zu nehmen und notwendige Maßnahmen zu unterlassen. Das schlimmste aber an dieser Bindung ist, daß man nie weiß, wo ihre Grenzen verlaufen. In einem Staat, der im wesentlichen noch von hochkapitalistischen Tendenzen erfüllt ist, ist nichts notwendiger, als feste Grenzen zu bestimmen, an denen die private Machtsphäre des Einzelnen dem organisierten Willen der Gesamtnation gegenüber zu weichen gezwungen ist. Indem er die erworbenen Rechte für sakrosankt erklärt, überläßt der Staat privaten Mächten auf weite Strecken das Feld. Wenn private Macht dem Staat mit Erfolg das Recht, Interessen der Gesamtheit zu vertreten, bestreitet, fällt auch die Grenze zwischen erworbenem Recht und reiner Faktizität. Wenn hinter erworbenem Recht sich immer die Aufrechterhaltung des status quo verbirgt, dann wird jeder status quo selbst zu einem erworbenen Recht. Die Vereinigten Staaten haben anläßlich eines Notenwechsels darauf hingewiesen, daß »the liquor business has not been a property right, but a licensed occupation« [1]). Wer aber möchte entscheiden, ob, wenn heute Deutschland auch nur ein partielles Alkoholverbot entschädigungslos durchführen wollte, bei uns eine mit der Autorität eines amerikanischen Staatssekretärs ausgestattete Stelle vorhanden wäre, die dem Ansturm der Interessenten gegenüber eine solche Unterscheidung durchzuführen in der Lage wäre?

---

[1]) Es handelt sich um eine Diskussion, die seit dem Jahre 1923 zwischen Mexiko und den Vereinigten Staaten über die Frage der Rechtsgültigkeit der Ausführungsgesetze zum Art. 27 der Mexikanischen Verfassung eingesetzt hat. Der Staatssekretär Kellogg hat diese Formulierung in einer Antwort auf die Note des Mexikanischen Außenministers gebraucht. Dieser hatte ihn bei der Frage der Behandlung der erworbenen Rechte der amerikanischen Staatsbürger und der Rückwirkung der mexikanischen Petroleum- und Agrargesetze darauf aufmerksam gemacht, daß auch die Vereinigten Staaten Eigentumsrechte aufgehoben hätten, als sie durch Verfassungsamendement die Prohibition einführten. Senate Documents 69. Congress I. Session Miscellaneous Bd. 2 Washington 1926. Dokument Nr. 96, insbesondere S. 31 und S. 37. S. auch die Ausführungen bei Vagts: Mexiko, Europa und Amerika, Berlin 1928.

FSC
www.fsc.org
MIX
Papier | Fördert
gute Waldnutzung
FSC® C083411

Kolibri 360 GmbH
Ferdinand-Jühlke-Straße 7
99095 Erfurt, Deutschland
produktsicherheit@kolibri360.de